좋아하는 물건과 가볍게 살고 싶어

좋아하는 물건과 가볍게 살고 싶어

비울수록 아름다운 밀리카의 집

밀리카 지음

Prologue

비우면서 사랑하게 된 나의 집

미니멀 라이프를 언제부터 시작하게 되었냐는 질문을 받으면, 6년 전 사사키 후미오 작가의 책 ≪나는 단순하게 살기로 했다≫를 읽고부터라고 답하곤 했습니다. 틀린 말은 아니지만 미니멀 라이프의 '시작'이라기보다는 '습작'에 가깝다고 고백해봅니다. 습작(習作)에는 '작법이나 기법을 익히기 위하여 연습 삼아 짓거나 그려봄'이라는 뜻이 있지요. 현재 우리 집은 미니멀 라이프의 완성품이 아닌 그 삶의 태도를 연습 삼아 실천하고 만들어가는 습작의 결과물이라 느낍니다.

햇살 가득한 텅 빈 방에서 평화로운 얼굴로 차 한 잔을 손에 들고 앉아있는 사사키 후미오 작가의 모습은 습작이라도 하고 싶을 정도로 강렬하게 제 마음을 사로잡았습니다. 여백이 이토록 맑고 따뜻하게 다가올 수 있다니, 미니멀 라이프를 하면 나도 이런 충만함을 가질 수 있을까 하는 희망을 품게 되었습니다.

당시 저는 가진 물건은 너무 많은데 관리능력은 제로인, 미니멀리스트와는 아주 거리가 먼 사람이었답니다. 남들은 가벼운 가방만으로 충분한 단기 여행에 마치 이민 가는 사람처럼 많은 짐을 싸가고, 비행기를 탈 때는 초과한 짐 무게 때문에 오버차지를 내는 게 당연했지요. 돈을 벌면 나를 위한 선물이라는 명목으로 물건을 사고, 기분이 우울하면 스트레스 해소로 쇼핑을 하고, 사은품이 마음에 들어 필요도 없는 물건을 사들이곤 했습니다.

집은 작은데 짐은 점점 많아져 정리정돈은 엄두가 나지 않았고, 나중엔 물품 창고에 내가 껴서 자는 형국이 되었습니다. 집에서는 도무지 쉴 공간을 찾지 못하던 상황이었기에 정반대인 사사키 후미오 작가의 텅 빈 방이 더 매력적으로 다가왔는지도 모르겠습니다.

≪나는 단순하게 살기로 했다≫를 읽으며 지금 내게 불필요하고 안 쓰는 물건이라면 과감히 비우라는 메시지에 엄청난 삶의 비밀을 발견한 듯 심장이 두근거렸습니다. 이후 사사키 후미오 작가의 책을 비롯해 미니멀 라이프 관련 글이나 영상을 교과서 삼아 열심히 실천하게 되었습니다. '정말 아까운 건 물건이 아니라 내 감정과 시간'이라는 따끔한 조언을 새기며 아까워서 쥐고만 있던 물건들을 하나하나 나누고 중고 거래로 비워갔습니다.

'하나를 사면 하나를 비우라'는 곤도 마리에 작가의 정리법을 따라 해보기도 하고, '공간을 채우느라 공간을 잃는다'는 도미니크 로로 작가의 말을 기억하며 공간을 되찾기 위해 노력했지요.

다 굳어버린 매니큐어와 유통기한 지난 파운데이션이 몇 박스나 나왔을 때는 왜 내가 힘들게 돈을 벌어도 늘 경제적으로 넉넉지 않았나 납득이 갔습니다. 그렇게 물건을 비울수록 바닥에 여백이 보이고, 집이 점점 넓어지고, 창문을 가로막는 물건이 없으니 집이 환해지고, 가지고 있던 가구도 새것처럼 반짝거렸습니다. 물건에 가려져 있던 집의 아름다움이 보이기 시작했습니다.

타고난 미니멀리스트인 남편을 만나 결혼을 준비하면서 '새로운 삶을 담기 위해서는 필요 없는 것을 최대한 비워야 한다'는 데 뜻이 통했습니다. 신혼집에 입주하기 전 인테리어 공사를 위해 작은 원룸에서 몇 달을 살면서 캐리어 세 개로 이사가 가능할 정도로 물건을 꾸준히 비웠답니다. 지금은 물론 신혼 살림을 장만하고 큰 가구도 들였으니 '캐리어 이사'는 불가능한 상황이지요. 하지만 그때 비움의 미덕으로 얻었던 감동을 오래오래 기억하고 싶습니다.

6년간 꾸준히 여러 미니멀리스트들의 친절한 가이드를 따라 미니멀 라이프를 지향해왔습니다. 미니멀 라이프로 제 삶에 소중한 것들을 찾는 데 많은 도움을 받았지만, 그렇다고 미니멀 라이프만이 삶의 정답이라고 여기지는 않습니다. 오히려 내가 추구하는 미니멀 라이프가 정답인 것처럼 착각하거나 교만에 빠지는 것을 경계하려고 합니다. 왜냐하면 미니멀 라이프는 수천수만 가지 라이프 스타일 중 하나일 뿐이니까요. 우연히 만난 산들바람에 땀을 식히듯 나와 좋은 타이밍에 만난 삶의 태도라고 생각합니다.

미니멀 라이프라는 타이틀 안에서도 모두가 지향하는 지점이 다를 것입니다. 청소하는 모습만 봐도 나는 바닥에 떨어진 머리카락부터 없애는 것이 우선이고, 남편은 주방 타일에 묻은 얼룩을 지우는 것이 먼저라고 생각하는 것처럼 각자의 우선순위가 다릅니다. 하물며 '소중한 것만 간직하며 살아가는 삶'이라는 미니멀 라이프의 질문 앞에서 더욱이 다른 대답을 내놓겠지요.

그럼에도 미니멀 라이프로 일상이 자연스레 정갈해진 부분만큼은 소중히 간직하려 합니다. 예전에는 비어있는 공간을 보면 어쩐지 허전해서 물건으로 조급하게 채우기 바빴는데, 이제 여백의 아름다움을 즐기는 여유가 생겼습니다. 집 청소는 내 손으로 해야 한다는 책임감이 생겼습니다. 지극히 당연한 건데 예전엔 물건을 감당할 수 없을 정도로 늘려놓고 집이 좁다고 불평만 늘어놓았죠.

인테리어에 대한 생각도 변했습니다. 매력적으로 공간을 꾸미기 이전에 청소와 유지가 편한 공간을 만드는 것이 기본이 되었습니다. 집에 값진 장식품을 들이는 것도 즐거운 일이지만, 집 안에 길게 들어오는 햇살은 아무리 봐도 질리지 않는 행복입니다. 설거지나 옷 정리 같은 소소한 일들을 미루지 않는 습관을 들이니 집에 불시에 손님이 방문해도 당황스럽지 않습니다. 무엇보다 나의 집에서 온전한 휴식을 찾게 되었습니다. 미니멀 라이프를 만나 비로소 집이 집다워졌습니다.

나의 집은 완벽하진 않지만, 내겐 너무 소중하고 아름다운 미니멀 라이프의 습작품입니다.

Contents

MINIMALISM INTERIOR

DAILY MINIMAL LIFE

PART 2

매일매일 성실하게 비우기

PART 3

집과 사랑에 빠지는 순간들

THE JOY OF MINIMALIST LIVING

PART 4

지구 또한 안녕하길

ZERO WASTE LIFE

MINIMALISM
INTERIOR

PART 1

여백이
있는
집을 꿈꾸다

면과 선을 단순화해 미니멀리즘 인테리어의 기본 틀 만들기

20년간 리모델링을 하지 않은 아파트에 신혼집으로 들어가게 되면서 전면적인 인테리어 공사를 진행했습니다. 결혼 후 미니멀 라이프에 한창 흥미를 느끼고 미니멀리스트들의 집과 인테리어에 큰 관심을 두고 있던 시기라 미니멀리즘 인테리어를 전문으로 하는 업체와 인연을 맺게 되었지요.

당시 인테리어 전문 지식이 없다 보니 특별한 장식이 없는 미니멀리즘 인테리어를 하면 돈을 절약할 수 있지 않을까 하는 큰 오해를 했었답니다. 하지만 미니멀리즘 인테리어는 모든 면과 선을 감추는 것이 아니라 노출한다는 점에서 그 작업이 더욱더 힘들고 과정도 복잡했습니다. 작업 과정이 복잡하다는 것은 비용도 더 많이 든다는 뜻입니다. 아이러니하게도 돈은 썼지만 티는 잘 안 나는 인테리어 방식인 셈입니다. 집을 볼 때 벽의 마감보다는 살림살이부터 시선이 가기 마련이니까요.

일반적인 공사보다 비용이 많이 들어 고심했지만, 마이너스 몰딩은 거실에만 시공한다거나 당장 꼭 필요 없다고 생각되는 가구나 가전은 제외하면서 우리가 정한 현실적인 예산 안에서 공사를 마무리할 수 있었습니다.

좋은 자재로 심플하게 시공하는 데 투자한 건 공간에 대한 아쉬움을 물건으로 해소하려던 지난날의 과오를 인식했기 때문입니다. 유행을 따라서 사들였던 가구나 소품들은 시간이 지나면 버릴 수도 끌어안을 수도 없는 애물단지가 되어버렸습니다.

오래 살 집이기에 숙련된 기술자들의 솜씨를 빌려 품질 좋은 자재로 탄탄한 기본 틀을 구축하는 데 투자하기로 마음먹었습니다. 이 집에서 지낸지 5년이 되어가며 기본 틀이 중요하다는 걸 절실히 느낍니다. 천장과 벽이 만들어내는 단정한 선의 흐름이 여전히 더할 나위 없이 아름다워 보이니까요. 기본 틀만으로 충분히 완성도가 있다고 여겨지니 다른 장식에 욕심이 생기지 않습니다.

'빼기의 미학'을 실현하는 데 당장 돈이 더 들 수 있지만, 장기적으로 보면 절약이 될지도 모르겠습니다. 건축물의 골조처럼 기본 틀을 확실하게 구축해 놓으면 그 안정감이 주는 만족은 오래 이어질 테니까요. 돌이켜 생각하면 후회 없는 확실한 투자로 여겨집니다.

미니멀리즘 인테리어의 화룡점정,
마이너스 몰딩의 효과 ○

우연히 미니멀리즘 인테리어라는 타이틀로 소개된 포트폴리오를 보고 완벽하게 아름답다는 느낌을 받았습니다. 주거 공간이지만 마치 쇼룸이나 갤러리와도 같은 말끔한 느낌은 바로 마이너스 몰딩 공법 덕분임을 알게 되었죠. 언젠가 내가 살 집에 인테리어 공사를 할 기회가 생긴다면 마이너스 몰딩만큼은 꼭 하겠다고 마음먹었습니다.

인테리어 업체를 선정할 때도 마이너스 몰딩을 전문으로 하는 곳인지를 고려했습니다. 그런데 본격적으로 인테리어 상담을 받으며 마이너스 몰딩은 일반 몰딩보다 비용이 높다는 사실을 알게 되었습니다.

일반적인 몰딩은 벽면과 천장 사이의 연결 부분을 두꺼운 패널 몰딩으로 덧대 가릴 수 있지만, 마이너스 몰딩은 벽면과 천장이 이어지는 부분이 노출되기 때문에 마감을 고르게 하는 목공과 석공 작업이 필수입니다. 마이너스 몰딩은 몰딩을 하지 않아서 마이너스가 아니라, 몰딩을 숨기는 정교한 기술이 필요해 히든 몰딩(hidden molding)이라고도 합니다. 그에 따르는 비용이 추가되니 '우리 통장도 마이너스가 될 수 있겠구나' 싶어지며, 책 《심플하게 산다》의 도미니크 로로 작가의 말이 떠올랐습니다.

"심플한 삶에는 돈이 많이 든다. 자질구레한 실내장식품 몇 가지 사서 진열하는 것보다 좋은 목재 합판으로 벽을 마감하는 비용이 더 비싸다."

예산의 한계로 눈물을 머금고 마이너스 몰딩을 포기하려던 차, 인테리어 업체에서 절충안으로 거실만 마이너스 몰딩 시공하는 걸 추천해주셨습니다. 집에서 가장 넓은 공간을 차지하는 대표적인 얼굴인 거실만 마이너스 몰딩으로 시공해도 상당한 효과를 볼 수 있다고요.

업체의 제안에 따라 거실만 마이너스 몰딩으로 작업을 했고, 나머지 방은 심플한 디자인의 패널을 덧대는 일반적인 몰딩으로 시공했습니다. 살아보니 거실 공간이 주는 말끔한 분위기가 정말 매력적이라서 지불한 돈 이상의 가치가 있음을 체감하고 있습니다. 우리 집에 방문하는 손님들이 거실 분위기가 어딘가 이국적이라며 칭찬해주실 때가 있는데, 그건 아마도 마이너스 몰딩이 만들어주는 드라마틱한 효과 덕분이 아닐까 싶습니다.

거실이 마음에 쏙 들다 보니 방까지 마이너스 몰딩을 하지 않은 것에 아쉬움이 더 크게 남습니다. 예산을 몇십만 원 정도만 더 추가하면 되었을 텐데 당시엔 그 돈이 왜 그리 크게 느껴지던지…. 우습지만 종종 몇십만 원 상당의 물건을 충동구매 하고 싶어질 때, 마음 한구석에 '이 돈이면 방도 마이너스 몰딩을 하고도 충분했겠지'라는 생각이 들어 소비로 이어지지 않는 절약 효과를 주고 있지요.

다음엔 꼭 방에도 마이너스 몰딩을 하겠다는 꿈을 품어봅니다. 처음부터 모든 것이 완벽한 집도 좋겠지만, 살아가면서 우리에게 잘 맞는 것이 무엇인지 알아가며 차근차근 이루어나가는 집도 근사할 테니까요.

타일과 마루 선택 ○

집의 전체적인 톤을 결정짓는 거실 바닥재는 포셀린 타일과 강화마루 그리고 강마루 세 개 중에서 하나를 택해야 했는데 쉽사리 결정을 내리지 못했지요.

미니멀 인테리어는 면과 선을 단순화하고 최소화하는 데서 시작한다. 마이너스 몰딩은 천장 몰딩 자리로 오목하게 틈을 만드는 시공으로 벽과 천장이 자연스럽게 연결되어 미니멀한 분위기를 낸다.

문틀을 둘러싼 문선 몰딩을 제거하면 미니멀한 분위기를 낼 수 있지만, 공정이 복잡해 비용이 올라가며 도배 마감이 어렵다. 벽과 비슷한 톤의 심플한 문에 얇은 문선을 시공하고 문턱을 없애 최대한 미니멀한 느낌을 살렸다.

난방을 고려하면 강마루는 바닥에 붙어있어 난방 속도가 빠르고, 강화마루는 바닥에서 띄워서 시공하여 열전달이 느린 편이라고 합니다. 포셀린 타일은 난방은 느린 대신 유지력이 좋다고 합니다.

인테리어 업체의 상세한 설명을 들어도 포셀린 타일로 예쁘게 꾸민 집 사진을 보면 타일이 끌리고, 마루로 꾸민 근사한 집을 보면 마루가 끌리다 보니 '아침엔 포셀린, 점심엔 강마루, 저녁엔 강화마루' 하는 식으로 아침저녁으로 생각이 바뀌었습니다. 그러다 담당자분의 결정적인 한 마디에 포셀린은 즉시 단념했습니다. "가격은 포셀린이 가장 비쌉니다." 아무리 우유부단한 성격이라해도 예산 앞에서는 선택과 포기가 빨라지는 법입니다.

최종적으로 바닥은 자연스러운 느낌이 드는 강마루로 했습니다. 소재도 집 분위기와 잘 어울릴 것 같고 추위를 타는 편이라 난방이 빨리 된다는 점도 고려했습니다. 대신 발코니는 폴리싱 타일을 깔았습니다. 다른 곳에는 대부분 무광 소재를 택했으나 발코니 타일만큼은 밝은 분위기를 내기 위해서 유광으로 결정했답니다. 현관은 포인트가 되도록 무늬가 있는 디자인 타일을 깔았습니다.

살아보니 강마루는 완충작용이 있어 물건을 떨어뜨리면 물건 자체는 어느 정도 보호가 되지만 바닥에 흠집이 잘 생기는 편입니다. 덤벙거리는 성격이라 자잘한 흠집이 꽤 생겼지만 자연스러운 빈티지풍의 매력이라 여기려 합니다. 발코니의 폴리싱 타일은 물걸레질을 싹 하고 반짝이는 모습을 보기만 해도 기분이 좋아집니다.

확실히 강마루든 타일이든 바닥에 걸리적거리는 물건이 많지 않아야 공간이 제빛을 냅니다. 아무리 근사한 바닥재라도 잡동사니로 가려지면 그 빛은 바래기 마련이니까요.

현관과 욕실에는 패턴이 들어간 디자인 타일을 깔았다. 현관은 관리가 편하도록 미끄럼 방지가 되는 100% 무해성분의 예피아 투명매트를 깔았다.

밝은색의 강마루는 자연스러운 느낌을 연출하고 집이 넓어 보이는 효과가 있다. 거실 바닥재는 구정마루의 '강마루 스웨디시 화이트' 제품.

페인트칠 느낌이 나는 벽지

요즘엔 가정집에서도 벽지 대신 페인트를 칠하는 경우가 많아졌습니다. 페인트 색상은 종류가 무궁무진해 선택의 폭이 넓고, 페인트를 칠했을 때 벽면의 자연스러운 질감도 마음에 들었습니다. 영화에서 페인트로 집을 쓱쓱 꾸미는 모습이 참 자유롭고 멋져 보였기에 우리 집 벽면도 페인트칠을 할까 고려했습니다. 하지만 벽면에 금이 발생할 수 있다는 우려에 안전하게 도배로 결정하고, 절충안으로 페인트를 칠한 것 같은 느낌의 벽지를 추천받았습니다. 실제로 보면 정말 페인트 도장을 한 듯 미세한 질감이 눈에 보입니다. 색상은 주저 없이 화이트로 결정했는데, 자연광이 내리쬐는 시간이면 거실에 스튜디오처럼 조명 효과가 생겨 넓어 보이고 사진도 잘 나와서 집에서 사진 찍는 즐거움이 배가되었습니다. 흰색이라 얼룩이나 변색 위험이 크지 않을까 염려했는데, 실크벽지라서 얼룩이 생겨도 바로 닦아내면 어느 정도 제거가 되고, 대청소 때마다 천장부터 벽까지 한 번씩 먼지를 털고 닦아내 무탈하게 관리하고 있습니다.

언젠가 셀프 페인팅으로 벽지 위에 과감히 색채를 더할지도 모르겠지만, 지금으로서는 흰색이 주는 순백의 도화지 같은 정갈한 분위기를 만끽하며 지내려고 합니다.

콘센트는 대부분 커버를 슬라이드로 미는 형태의 '방우형'으로 공사했다. 화장실이나 주방처럼 물기가 많은 장소엔 더욱 효과적인 콘센트로 커버를 닫으면 시각적으로도 깔끔하다. 파나소닉 슬라이드 커버 콘센트(WRP 2924 WH).

미세한 질감이 있어 페인트칠 느낌이 나는 벽지는 신한벽지 '플레인(19002-1)'. 흰색은 심심할 것 같지만 자연광에 따라 따뜻한 느낌과 차분한 느낌을 두루 낸다.

최소한의 소품으로 홀가분한 집

인테리어 공사의 중요한 결정 사항 중 하나는 수납공간을 어디에 얼마나 만들까 하는 것입니다. 당장은 물건이 많지 않아도 살다 보면 살림이 늘기 마련이므로 공사를 하는 김에 예비용 수납공간을 넉넉하게 만들어두면 든든하지 않을까 욕심이 나기도 했습니다. 수납공간의 종류만 해도 신발장, 욕실장, 그릇장, 책장, 거실장, 옷장, 발코니 선반 등 다양하고 각자의 역할이 분명해 보여 무엇을 포기하고 선택해야 할지 쉽사리 결정하지 못했습니다.

결정에 앞서 남편과 함께 우리가 살 집의 모습을 그려보았습니다. 우리의 결론은 '여유 있는 공간에서 가볍게 살고 싶다'는 것. 그래서 인테리어 업체에서 저렴한 가격이나 무료로 제공하는 옵션이라도 굳이 필요 없다면 제외하기로 했습니다. 현관에 많이 설치하는 중문과 붙박이 신발장을 포기하고 이동하기 편한 벤치 수납장을 하나 제작하기로 했고, 욕실 수납장과 발코니 선반 등의 수납공간도 설치하지 않기로 했습니다.

무엇을 더할까보다는 무엇을 더 뺄 수 있을까에 주안을 두니 결정하기가 좀 더 수월했습니다. 아직까지는 그 당시 제외했던 물건이 없어 큰 불편을 겪은 일은 없답니다. 있으면 있는 대로 좋겠지만 없으면 없는 대로 홀가분한 기분이 듭니다.

과거에는 정리가 잘 안 되면 수납장을 사서 물건을 숨길 궁리부터 했습니다. 수납장에 물건을 꾸역꾸역 집어넣고 나면 일시적으로 집이 깔끔해 보이니 만족스럽고, 추가로 확보한 수납공간만큼 물욕이 솟아났지요. 그렇게 수납장을 하나씩 늘려가며 공간을 내주다 보니 집이 자꾸만 좁아지면서 물품 보관소에 사는 것과 다름없는 상황이 되어버렸습니다.

미니멀 라이프에 관심이 생기고부터는 비우지 않은 채 수납장만 늘리는 것은 임시방편에 불과함을 깨달았습니다. 물건이 늘어나는 데에 긴장감을 잃지 않기 위해 인테리어 공사를 할 때 꼭 필요한 수납장만 집 분위기에 맞게 제작하기로 했습니다.

우리 집 라이프 스타일에 맞는 맞춤형 수납 가구 제작하기 ○

제작 가구는 집 분위기와 잘 어우러지는 소재와 디자인으로 통일성을 유지할 수 있고, 사이즈와 배치 등을 우리 집 살림과 가족들의 동선에 맞게 선택할 수 있다는 장점이 있습니다. 특별한 장식이 없는 집이지만 제작 가구들이 기성품과는 다른 느낌을 주기 때문에 우리 집만의 유니크한 분위기를 내는 데도 한몫하는 것 같습니다.

인테리어 업체와 상의해 공간을 차지하는 빌트인 가구보다는 이동이 자유롭고 용도 변경이 쉬운 수납 가구로 제작 의뢰를 드렸습니다. 이외에도 자칫 답답해 보일 수 있는 20평대 구축 아파트의 공간을 잘 활용하기 위해 몇 가지 원칙을 가지고 가구를 제작했습니다.

가구가 벽 전체를 가리지 않도록 한다.
벽과 가구의 컬러를 통일시킨다.
가구는 최대한 단순한 디자인으로 한다.

우선 현관에는 붙박이 신발장 대신 이동식 벤치 수납장을 제작해두었습니다. 무늬목 소재로 무겁지 않아 쉽게 움직일 수 있고, 나무의 질감을 살린 디자인으로 좌식 테이블로도 사용이 가능하지요. 강아지 통키가 집에 왔을 때는 침대 계단으로도 활약한답니다.

주방과 옷방에는 싱크대와 같은 무광 페트(PET) 소재로 심플한 수납장을 제작해 두었습니다. 싱크대 제작에 많이 사용되는 페트 소재는 내구성이 좋은 편이고 원목보다 저렴하면서 가볍게 사용할 수 있다는 장점이 있습니다. 낮은 수납장으로 벽 전체를 가리는 것이 아니라 답답한 느낌이 덜하고, 빌트인 가구가 아니라 자유롭게 이동할 수 있습니다.

예전에는 천장까지 수납장을 짜 넣어야 공간을 효율적으로 사용하는 것이라 생각했는데 미니멀리즘을 알고부터는 벽이 충분히 노출되어야 시각적으로 답답해 보이지 않는 것 같습니다. 벽에도 숨 쉴 여백을 준다고나 할까요.

내 욕심을 절제하게 하는 수납장

이사 온 지 5년이 흐른 지금도 수납장은 늘리지 않았지만 불편함 없이 지내고 있습니다. 제 경우에는 수납공간이 많을수록 짐도 덩달아 늘어나 버리기 때문에 수납공간에 맞춰 물건 양을 조절하는 방법이 심리적으로 큰 도움이 되고 있습니다.

수납공간에 물건을 꽉 채우기보다 물건 사이에 여유가 있도록 배치에 신경을 쓰고 지금의 쾌적한 상태를 기억해둡니다. 충동적으로 사고 싶은 물건이 생길 때 우리 집 수납공간을 떠올리면 이미 충분히 가지고 있다는 만족감과 함께 '이거 하나를 위해 수납장을 늘리긴 부담이 된다'는 판단이 서 깔끔하게 포기하게 됩니다.

노 퍼니처(No Furniture)를 추구하는 미니멀리스트 고수님들처럼 가구 없이 살기란 어렵지만, 내가 통제할 수 있는 공간에 기억할 수 있는 물건만 가지고 산다는 가뿐한 기분으로 만족합니다. 무엇보다 이젠 수납장 문을 열면 와르르 쏟아지는 물건이 없으니 그것만으로도 안심입니다.

수납 가구는 기성품으로만 사지 않고 인테리어 공사 때 업체에 의뢰해 집 분위기에 맞는 소재와 디자인으로 제작했다. 현관의 이동식 벤치 수납장은 신발을 신고 벗을 때 잠시 앉을 수도 있어서 편리하다.

무늬목으로 만든 따뜻한 나무 질감의 현관 벤치 수납장은 간편하게 이동할 수 있으며 좌식 테이블로도 사용이 가능하다.

옷방에는 기존에 설치된 붙박이장을 그대로 활용하기로 하고, 낮은 수납장을 추가로 제작하고 벽에 행거를 달았다. 행거는 이케아 '물리그(MULIG)' 제품.

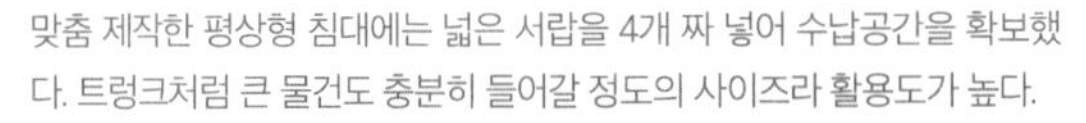

맞춤 제작한 평상형 침대에는 넓은 서랍을 4개 짜 넣어 수납공간을 확보했다. 트렁크처럼 큰 물건도 충분히 들어갈 정도의 사이즈라 활용도가 높다.

싱크대와 같은 무광 페트(PET) 소재로 제작한 주방의 낮은 수납장.
붙박이가 아니라 위치를 자유롭게 이동할 수 있다.

반딧불이 같은 햇살이 가득한 거실

거실에는 TV와 소파 없이 지내고 있습니다. 미니멀 라이프로 집의 리듬을 유지한다고, 소파와 한 몸이 되어 리모컨을 손에 쥐고 좋아하는 TV 프로그램을 시청하는 즐거움과 절교하겠다는 건 아니랍니다(그 넉넉하고 편안한 행복을 어찌 잊을 수 있겠어요).

그보다는 미니멀 라이프로 집에 대한 경험을 확장하고 공간에 대한 고정관념을 벗어나고자 하는 마음이 그 출발입니다. 거실 바닥에 이불을 깔고 베개에 기대어 차를 마시면서 그득하게 들어오는 햇살의 물결을 감상합니다. 그러면서 '소파가 없는 게 훨씬 낫구나'가 아닌, '소파가 있는 것도 만족스러웠는데 없다고 크게 불안하진 않네. 그럭저럭 무난하게 지낼 만하네'라는 감사함을 배우고 싶습니다.

보고 싶은 TV 프로그램은 컴퓨터와 핸드폰을 이용해 시청하고 소파에서 뒹

굴거리는 기쁨은 침대에서 대신하고 있습니다. 조금 불편할 때도 있지만 아무것도 없는 공간이 주는 힐링을 한껏 만끽할 수 있다는 점이 아쉬움을 달래기 충분합니다.

앞으로 거실이 어떻게 변화될지는 모르지만, 손을 뻗으면 잡힐 것 같은 햇살이 반딧불처럼 반짝이던 거실에서 이불 한 장 깔고 따뜻한 차를 천천히 음미하던 시간, 그 작지만 확실한 행복만큼은 오래오래 기억될 것 같습니다.

틀 없는 조명,
바리솔

가구나 특별한 장식이 거의 없는 거실 공간에 어떤 조명을 달지 고민이 컸습니다. 튀지 않고 거실 전체적인 분위기에 잘 어우러지면서도 적당한 포인트가 되어줄 거실등을 찾다가 인테리어 업체로부터 바리솔(Barrisol) 조명을 추천받았습니다. 바리솔은 원래 프랑스 조명 제조회사의 이름인데, 이 회사의 조명 방식이 유명해지면서 이런 형태의 조명을 뜻하는 고유명사처럼 쓰인답니다. 기존의 조명은 빛을 내는 전구 위에 틀을 씌우는 방식이지만 바리솔은 프레임이 별도로 필요 없는 기술력을 지녔습니다. 정식 명칭은 스트레칭 실링 조명(stretch ceiling light)으로 유리나 아크릴 소재의 프레임 대신 탄성 있는 PVC 원단으로 원하는 형태를 만들기 때문에 군더더기 없는 디자인을 선호하는 미니멀리즘 인테리어에 자주 사용된답니다.

바리솔 조명에 대한 개인적인 만족도는 보통 수준입니다. 확실히 바리솔 조

유리나 아크릴 프레임 대신 탄성이 있는 PVC 소재로 제작한 바리솔 조명. 넓은 면에서 은은하게 빛을 퍼트려 아늑한 분위기를 내고 눈의 피로감을 덜어준다. 군더더기 없는 심플한 사각형 디자인을 선택했다.

명은 얇고 부드러운 천 같은 말랑말랑한 재질로 일반 등에 비해 빛이 좀 더 부드럽게 퍼지고 편안한 느낌을 줍니다. 남편은 심플한 디자인과 청소가 편한 점 등이 맘에 든다고 하지만 제 눈에는 좀 심심하게 보입니다.

같은 디자인이라도 보는 사람에 따라 받아들이는 데는 차이가 있기 마련입니다. 바리솔 조명이 남편에게는 심플함, 제겐 심심함으로 다가오는 것처럼 말이죠. 사실 심플한 디자인의 조명을 찾는다면서 자꾸 사랑스러운 샹들리에 풍 디자인에 끌리는 모순된 존재인 제가 문제인지도 모르겠군요. 그럼에도 바리솔 조명은 '무심한 듯 시크하게' 우리 집을 빛내주는 고마운 존재입니다.

고무나무는 실내환경에 잘 적응하는 편이고 공기 정화 효과가 있어 집에서 키우기 좋은 식물이라고 한다. 빛을 좋아하지만 약간 그늘진 실내에서도 잘 자란다. 알로카시아는 넓은 잎으로 가습 효과가 있는 식물로 잎이 마르면 분무를 해주면 좋다. 과습에 취약하므로 흙이 안쪽까지 마르면 물을 준다.

초록의
싱그러움을 채우다

ㅇ

신혼집에 입주하고 일 년 이상 거실은 가구나 장식을 최소화하고 여백을 즐기며 지냈습니다. 하지만 우리 집의 비움이 '비움' 그 자체를 위한 것이 아니길 바랐습니다. 소중한 '채움을 위한 비움'이길 소망했답니다. 거실에 큰 화분을 들이고 싶다는 남편의 이야기를 듣고 그 소망을 실현할 기회라는 생각이 들었습니다.

남편과 함께 양재 꽃시장에 가서 신중하게 집에 들일 식물을 골랐습니다. 다양한 매력의 식물들을 구경하다 남편은 벵갈고무나무, 나는 알로카시아를 골랐습니다. 전에도 식물을 사본 적은 있지만 지금처럼 내 취향에 맞게 정성스러운 마음으로 택한 것은 처음입니다.

식물 인테리어가 멋져 보여서 꽂히는 식물을 이것저것 욕심내서 들였다가 우리 집 환경에는 맞지 않아서 떠나보내거나 정작 관리에는 소홀해서 시들시들해져 버린 경험이 있습니다. 이제 수량보다는 이후의 관리가 더 중요하다는 것을 깨달았기에 구입 전 우리 집 환경에 잘 맞는지 확인하고 빛, 온도, 물주기 등의 관리는 어떻게 하는지 공부도 했습니다.

미니멀리즘 인테리어에 있어 여백의 의미는 심미적인 가치가 전부는 아닐 겁니다. 그보다는 간절히 원하는 것이 생겼을 때 멋지게 자리를 만들어주기 위해서가 아닐까 생각합니다. 큰 화분 두 개가 우리 집 공간을 차지했다고 좁아진 느낌은 들지 않습니다. 여백에 초록빛 여유가 더해졌기 때문입니다. 그동안 우리 집 최고의 장식품은 햇볕이라고 말했었는데 이제는 식물들도 그 햇살을 받으며 함께 빛날 것 같습니다.

"우선은 비워라, 그래야 소중한 것만 남기거나 소중한 것을 선별해 채우게 된다." 미니멀 라이프의 조언이 생생하게 다가옵니다. 비워진 거실에 채워진 초록 식물이 우리의 미니멀 라이프가 성장한 증거처럼 느껴집니다.

거실에 식물들이 자리를 잡자 신이 난 남편이 전신거울을 거실로 가져오더니 거울에 비친 나무를 보며 이야기합니다.

"나무 그림이 들어간 액자 같지?"

남편의 말을 듣고 보니 정말 근사한 액자 같아 보입니다. 집이 하나의 액자라면 우리 집은 깨끗한 도화지에 가깝지 않았나 싶습니다. 그 도화지에 초록색 크레파스로 고무나무와 알로카시아를 그려 넣었습니다. 그림 제목은 이렇게 붙일까 합니다. '초록이로 더 행복해진 우리 집'이라고 말입니다.

현재는 고무나무와 알로카시아가 꽤 자랐고 금전수, 선인장이 우리 집 초록이 대열에 합류했다.

거울에 비친 고무나무의 모습이 마치 액자 속 한 폭의 그림 같다.

집에 있는데도
집에 가고 싶을 때,
나는 발코니로 간다

인테리어 공사를 할 때 주방이나 욕실 등을 신중하게 결정하는 데 비해서 발코니는 특별히 인테리어에 대해 생각해보지 않은 공간이었습니다. 공사를 의뢰할 때도 자료 사진을 한 장도 찾지 않은 장소가 바로 발코니였습니다. 발코니는 제게 그저 세탁기가 들어서 있고 빨래 건조대가 펼쳐진 곳, 짐을 쌓아 두는 창고, 보일러실이 있는 곳 정도로 인식되었기 때문입니다. 발코니 공간에 대해 "그냥 알아서 해주세요"의 느낌으로 말씀드리자 인테리어 담당자님은 발코니도 인테리어만 잘하면 미니멀리즘 스타일로 변신이 가능하니 관심을 가지자며 북돋아 주셨습니다.

그래서 발코니에도 미니멀리즘 인테리어 콘셉트에 맞게 최대한 불필요한 공간은 없애기로 했습니다. 칙칙한 느낌이 없도록 벽과 바닥을 밝은색으로 마감하고 거실과 이어지는 느낌을 최대한 살려서 거실도 넓어 보이고 발코니 공간도 잘 활용할 수 있도록 하자는 원칙을 세웠습니다.

기존에 발코니에 있던 미니 싱크대와 천장에 달린 빨래 건조대는 철거하고 전체를 흰색 페인트로 밝게 칠했습니다. 건식으로 사용할 예정이라 발코니의 배수구는 막고 따로 슬리퍼를 신지 않고 드나들 수 있도록 밝은색의 폴리싱 타일을 깔았습니다. 잠시나마 '발코니에서 물청소를 하거나 손빨래를 하거나 김치라도 담그게 되면 물을 쓰지 않을까' 고민했었는데 5년이 흐른 지금까지 발코니에서 물을 쓰지 못해 아쉬운 일은 생기지 않았습니다.

발코니는 여차하면 집에서 방치되는 물건의 집결 장소가 되어버리는 공간이기에 수납을 빙자해 짐을 쌓지 않도록 수납공간을 따로 만들지 않았습니다. 덕분에 길게 뻗은 뽀얀 발코니 바닥은 날씨와 시간에 따라 시시각각 표정이 달라지는 도화지가 되었습니다. 무더운 날씨에는 거실보다 발코니 타일 바닥이 주는 시원함을 만끽합니다. 날씨가 좋은 날에는 발코니 창문을 활짝 열고 담요를 깔고 뒹굴며 피크닉 기분을 냅니다. 집에 머무는 것을 좋아하지만 발코니가 없었다면 답답했을 것 같다는 생각도 듭니다.

폴딩 도어로
개방감 살리기

처음 인테리어 공사를 알아볼 때는 거실을 넓게 쓰기 위해 발코니를 없애고 거실 확장을 할 계획이었습니다. 그런데 아파트 발코니 확장이 생각처럼 만만한 게 아니라는 현실을 알게 됩니다. 주민들 동의도 상당수 받

발코니에는 세탁기와 건조기를 두고 직사광선과 한기를 차단할 수 있도록 압축봉을 이용해 가림막을 설치했다. 세탁기는 밀레 제품으로 세탁기 본체 안에 세제 카트리지를 넣어 쓰는 방식이라 따로 세제통을 보관할 필요가 없고, 세탁할 때마다 세제를 계량해 붓는 수고도 덜 수 있다. 옷과 이불이 많지 않은 편이라 그때그때 건조할 수 있도록 건조기를 함께 구입했다.

아야 하고 구청의 승인 절차도 거쳐야 하고, 조건에 맞지 않으면 다시 원상복구를 하거나 과태료가 부과될 수도 있다고 합니다.

이런저런 일에 신경 쓰기가 부담스러워 발코니 확장은 포기하고 다른 방면으로 거실의 개방감을 키우는 것을 고려해보기로 했습니다. 아울러 발코니를 그대로 살려두는 것 또한 그 나름대로 장점이 있다고 여겨졌습니다.

인테리어 업체와 상담하며 발코니를 그대로 살리되 답답하지 않은 느낌을 원한다고 말씀드리자 거실 창을 폴딩 도어로 바꿀 것을 제안해주셨습니다. 폴딩 도어라는 단어를 듣자 큰 창을 시원스레 열어 햇살이 가득 들어오는 근사한 카페의 모습이 떠올라 관심이 갔습니다. 말씀대로 폴딩 도어는 오픈하면 창이 모두 접혀서 막히는 공간이 없기 때문에 발코니 확장 못지않은 개방감을 얻을 수 있을 것 같았습니다.

폴딩 도어에도 종류가 다양한데 경첩의 유무에 따라서도 기능에 차이가 납니다. 경첩이 없으면 단열과 방음 등 여러 면에서 효과가 우수해 가정집에서는 좀 더 고가이지만 경첩 없는 디자인을 선호하고, 소음차단 필요성이 덜한 카페 같은 상업시설은 경첩 있는 디자인을 주로 설치한다고 합니다. 최종적으로 우리 집에는 경첩이 없는 문 세 개짜리 흰색 폴딩 도어를 설치하게 되었습니다.

거실 바닥과 발코니 바닥을 모두 밝은 톤으로 통일하고 최대한 단차가 없게 했더니 폴딩 도어를 열면 발코니까지 거실인 것처럼 공간이 이어져 시원하게 트인 느낌이 좋습니다. 돌이켜보면 발코니를 살려둔 것이 어찌나 다행스러운지 모릅니다. 발코니는 페인트와 타일로 마감해 거실과 다른 스타일을 즐기는 것도 좋고, 물기가 있는 살림살이를 일광소독 할 때도 편리하니까요.

발코니 타일 위에서 물기가 있는 식기 건조대나 수세미 같은 살림살이를 주기적으로 일광소독 한다.

볕이 좋은 날씨엔 폴딩 도어 가까이 테이블을 옮겨 티타임을 가진다.

SMEG

폴딩 도어는 아우스바이트 제품으로 문을 닫았을 때 경첩과 가스켓 고무가 보이지 않아 정갈한 느낌이다. '라인힌지' 기술로 경첩과 같은 기능을 하면서 창호의 비틀림과 처짐을 예방해주어 장기적인 사용이 가능하다.

창을 열었을 때 거실과 발코니 바닥이 자연스럽게 이어지도록 단차를 없앴다. 폴딩 도어의 하단 레일은 주기적으로 청소기로 먼지를 제거해 관리한다.

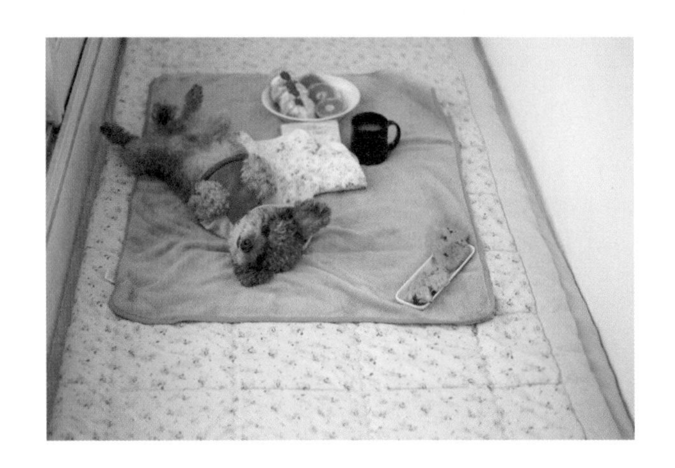

■

피크닉을 가고 싶을 정도로 청량한 날씨에는

물걸레로 발코니를 말끔하게 청소하고 소풍을 떠날 준비를 합니다.

발코니로 떠나는 작은 소풍은 미니멀 라이프가 내게 준 선물 같습니다.

발코니가 잡동사니를 방치하는 장소가 되지 않은 건

미니멀 라이프 덕분이니까요.

내세울 만한 인테리어는 아니어도 그저 햇살 아래

부드러운 이불과 좋아하는 책, 따뜻한 차 한잔만 있어도 충분한 곳.

우리만의 아지트가 되어주던 다락방처럼 아늑한 공간.

발코니에서 통키와 느릿느릿 노곤노곤 시간을 함께할 때면

우리 집은 세상에서 가장 게으른 천국이 됩니다.

실용과 감성의 조화를 추구한 안방

우리 집 공간 중 가장 감성적인 공간은 안방이 아닐까 합니다. 다른 방에 비해 채광이 좋기도 하지만 무엇보다 감성지수를 높여주는 창가의 무지주 선반 덕분입니다. 사실 이 무지주 선반은 인테리어 공사를 할 때 우리 부부의 고집으로 실현된 거랍니다.

인테리어 업체에서는 무지주 선반을 설치하려면 이중창 중 하나를 떼어내야 하는데, 그러면 단열 효과가 떨어질 것을 염려해 만류했습니다. 인테리어 공사를 마치고 돌이켜 생각하면 전문적인 조언을 귀담아듣는 것도 중요하지만, 때론 우직하게 밀고 나가는 소신도 필요하다고 느낍니다. 만약 무지주 선반을 포기했다면 무척 아쉬움이 남았을 테니까요.

감성의 온도를 높여주는
무지주 선반

침대에 누워 느긋하게 책을 읽고 차를 마시는 걸 즐기다 보니 무지주 선반이 얼마나 요긴한지 모릅니다. 침대를 창가에 놓으면 선반이 협탁 역할을 해주고, 화병을 올려놓으면 아침에 눈을 뜰 때 향기로 하루가 시작됩니다.

아무래도 창이 두 개일 때보다는 단열 효과가 덜하겠지만 안방은 워낙 채광이 좋고 바깥 발코니 창문이 견고해 우려할 정도의 추위는 없습니다. 그리고 무지주 선반이 생긴 공간만큼은 번거로운 창틀 청소에서 해방입니다. 쓱 닦기만 하면 끝이니 말이죠.

무지주 선반 덕분에 감성과 실용성이라는 두 마리 토끼를 한꺼번에 잡은 것 같아 만족스럽습니다. 단열과 소음 등의 우려만 아니라면 다른 방의 창도 모두 무지주 선반으로 하면 좋겠다는 생각이 들 정도로요.

날씨가 쌀쌀해지면 휴식을 취할 때 자연스레 안방 침대로 향하게 됩니다. 찻잔을 선반 위에 올려놓고 포근한 이불 위에서 차를 한 모금씩 마시면서 책을 읽다 보면 몸에 온기가 포근하게 쌓입니다. 이성적으로 바라보면 무지주 선반 때문에 안방 온도계는 조금 낮아졌을지 모르지만, 우리 집의 감성 온도계는 쑥 올라간 것 같습니다.

안방 창가에 침대를 놓으면 무지주 선반을 협탁처럼 쓸 수 있다.

사생활을 보호해주는 허니콤 블라인드

매일이 선택의 나날인 인테리어 공사 기간, 또 과제가 떨어졌습니다. 블라인드와 커튼 사이에서 방황이 시작된 것입니다. 블라인드로 예쁘게 꾸민 집을 보면 블라인드가 정답 같고, 커튼이 근사하게 어울리는 집을 보면 커튼이 옳다 싶었습니다. 따뜻한 분위기의 리넨 커튼도 마음에 들고 블라인드 특유의 딱 떨어지는 깔끔한 느낌도 탐이 났습니다.

결국 복도식 아파트 특성을 고려해 허니콤 블라인드로 결정했습니다. 허니콤 블라인드는 탑다운 기능으로 환기를 위해 오픈해도 사생활 보호가 가능합니다. 중간에 벌집 모양으로 된 공기층이 있어 공기 순환이 되며 일반적인 블라인드보다 방한과 방음에도 효과적입니다.

각 방과 발코니 창문까지 허니콤 블라인드로 통일하고 안방에는 암막 기능을 더한 제품으로 설치했습니다. 벽지 색상과 비슷한 컬러로 창 사이즈에 딱 맞게 제작하니 있는 듯 없는 듯 튀지 않고 자연스럽습니다. 특별히 인테리어 효과가 있는 것은 아니지만, 마치 자로 잰 듯 똑 떨어지는 마감처리가 심플한 느낌을 배가시켜주어 만족스럽습니다.

살아보니 겨울에 도톰한 커튼보다는 방한 기능이 떨어지는 느낌이 좀 아쉽습니다. 또 크게 거슬리는 정도는 아니지만 창과 블라인드의 미세한 틈으로 빛이 들어옵니다. 커튼은 세탁할 수 있지만 블라인드는 먼지를 툭툭 털거나 닦는 것으로 만족해야 합니다.

나중에 기회가 있다면 커튼과 블라인드를 적절하게 섞어서 배치해도 좋겠다는 생각이 듭니다. 복도식 통로로 열리는 창문에는 허니콤 블라인드를 설치하고, 거실과 안방은 커튼을 설치하는 식으로요. 제게는 여전히 바람결에 너울거리는 커튼에 대한 로망이 남아있으니까요. 나풀거리는 커튼 자락 뒤로 우수 어린 멋진 남자 주인공이 등장하는 영화를 너무 많이 본 후유증일지도 모르겠지만요.

책상은 침대와 같은 무늬목 소재로 제작했다. 책꽂이나 서랍이 없는 심플한 디자인으로 물건을 늘어놓지 않게 된다.

유니크하면서 베스트,
평상형 침대

가구 중에서도 사이즈가 크고 무거운 침대는 한번 들이면 옮기기도 비우기도 힘들지요. 미니멀 라이프를 결심하고 물건을 중고 거래로 비울 때 무거운 가구는 멀쩡한 물건이라도 구매자를 찾기 어려웠습니다.

침대 없는 좌식 생활도 고려했으나, 고심 끝에 꼭 필요한 물건으로 여겨져 들이기로 했습니다. 대신 한번 인연을 맺으면 쉽게 놓기 어렵다는 것을 알기에 고민에 고민을 거듭해 세 가지 요소에 집중했습니다.

첫 번째는 매트리스 없이 이불을 깔아서 쓸 수 있는 평상형 침대를 원했습니다. 매트리스 관리에 자신이 없기도 하고 이불만 걷으면 평상으로도 쓸 수 있기 때문에 공간 사용이 효율적일 것 같았습니다.

두 번째로 수납 기능이 있을 것, 마지막으로 이동과 분리가 편한 침대일 것. 이렇게 세 가지 기능을 충족하면서 우리 집의 다른 가구와 조화를 이루는 장식이 없는 단순한 디자인의 제품을 원했습니다. 막상 기성품에서는 조건에 맞는 제품을 찾기가 어려워 인테리어 업체를 통해 우리만의 침대를 제작하게 되었지요. 세상에 하나뿐인 유니크한 침대가 만들어진 셈이랍니다. 무늬목으로 제작한 침대는 화려하지는 않지만 믿음직스럽고, 단순해 보여도 쓰면 쓸수록 실용적인 가치가 빛이 납니다.

넉넉한 크기로 요를 깔고도 공간이 남아 따로 협탁을 두지 않아도 불편함이 없고 매트나 요를 자유롭게 깔거나 걷을 수 있어 여름엔 시원한 평상으로 변신한답니다. 크고 깊은 네 개의 서랍은 든든한 수납력을 자랑합니다. 천으로 감싼 후 밀기만 하면 바닥에 흠집 없이 이동할 수 있고 분리하면 두 개의 게스트용 싱글 침대로 쓸 수 있지요. 쓱 닦는 것으로 청소가 끝나니 관리가 쉽다는 장점까지, 정말 만족스럽습니다. 물론 푹신푹신한 매트리스가 있는 호텔 침대 수준의 안락함은 아니지만 무던한 체질의 우리 부부는 지금의 침대에서도 꿀잠을 자니 큰 아쉬움은 없습니다.

서랍이 내장된 수납형 침대를 제작할 때는 서랍의 레일에 신경을 쓰는 편이 좋다. 가격은 좀 나가도 댐퍼 기능을 추가하면 부드럽게 여닫을 수 있고 변형을 방지할 수 있다.

좌식 생활의 장점을 함께 누릴 수 있는 평상형 침대. 여름에는 거실로 옮겨서 대청마루처럼 활용한다.

요를 깔고 남는 공간은 사이드 테이블처럼 사용한다.

싱글 침대 두 개로 분리되는 구조로 손님이 오실 때 유용하다. 바닥에 이불이나 천을 깔고 밀면 쉽게 이동시킬 수 있다.

평상형 침대는 함께 제작한 테이블과 조합해 공간을 새롭게 구성할 수 있다.

욕심을 덜어낸 욕실

욕실 공사 시 수납장을 만들지 않았습니다. 욕실이 넓지 않아 여유 있게 쓰고 싶기도 했고 욕실장에 물건을 무작정 쟁여놓던 습관을 개선하고 싶었습니다. 욕실 액세서리를 고르는 과정에서도 양치 컵, 비누 거치대, 벽에 부착하는 청소 솔 등의 소품들을 제외해 달라고 부탁드렸습니다. '양치 컵 하나가 얼마나 공간을 차지하겠어' 하고 하나씩 늘리다 보면 가볍게 살고 싶다는 우리의 바람과 멀어질 것 같았기 때문입니다. 최소한의 소품으로 생활하다가 나중에 필요한 때가 오면 추가해도 늦지 않다는 생각으로 꼭 있어야 하나 의문이 생기는 물건은 제외했습니다. 인테리어 업체의 도움을 받아 욕실 수건걸이, 휴지걸이만 심플한 디자인으로 선택했습니다.

대신 관련 용품은 욕실과 가까운 주방의 수납장 안에 보관하고 있습니다. 그래서 양치를 할 땐 칫솔과 치약이 든 컵을 꺼내 들고 욕실로 향합니다. 남편이 욕실을 이용 중일 때는 주방에서 양치를 하기도 하네요.

욕실에 수납공간이 없어 크게 불편한 경우는 아직까지 없었습니다. 욕실 청소도 편하고 욕실을 조금이나마 넓게 써서 쾌적합니다. 과거에는 여분을 충분히 갖춰두어야 안심이 되어 욕실 선반이 틈도 없이 꽉 차 있는데도 세일 제품을 보면 일단 사서 쟁이곤 했습니다.

욕실용품을 주방 수납장에 보관하면서 재고가 분명하게 파악되니 물건을 쟁이지 않게 되고, 정기적으로 꺼내 유통기한을 체크하고 끝까지 알뜰하게 쓰는 데 관심을 기울이게 됩니다. 칫솔, 혀클리너, 면도기 등 위생에 신경 써야 하는 용품은 햇살이 좋은 날 꺼내 발코니에서 살균도 시키고요.

물론 집의 구조에 따라 욕실장이 있는 것이 더 편리한 경우도 있을 것입니다. 다만 제 경우엔 5년간 욕실장 없이 무탈하게 지낸 경험 자체가 공간과 물건에 대한 새로운 시각을 열어주었습니다. 혹여 욕실장을 설치할 수 없을 정

욕실용품을 욕실 앞 수납장에 한눈에 보이게 보관하니 재고 파악이 쉽다.

도로 작은 욕실에서 지내게 된다 해도 지금의 경험을 바탕으로 크게 당황하지 않을 것 같습니다. 또 넉넉한 크기의 욕실에서 욕실장을 갖추게 되면 감사한 마음을 갖고 욕실용품 충동구매를 자제할 수 있기를 소망합니다.

청소가 편한 욕실

욕실 공사를 할 때 신경 쓴 부분은 청소 장벽을 낮추는 것이었습니다. 욕실은 습기 때문에 곰팡이가 생기기도 쉽고 구석구석 물때를 제거하는 일도 만만치 않아 한번 청소하려면 큰맘을 먹어야 했거든요.

그래서 청소와 관리가 편하도록 욕실의 세면대, 변기, 수건걸이는 최대한 굴곡이 없고 심플한 디자인을 골랐습니다. 또 기존에 있던 환풍기는 틈새가 많아 먼지가 끼기 쉽고 닦기 어려운 디자인이라 틈새 없는 환풍기로 교체했답니다. 부지런히 청소하는 성실함도 중요하지만, 애초에 청소가 쉬운 공간으로 만든다면 마음의 부담을 한결 덜 수 있겠지요.

힘펠의 '천장 환기팬(C2-100LF)'. 틈새가 없는 디자인이라 청소가 쉽고, 고기밀 역류 방지 기능으로 냄새도 막아준다.

SMEG

작은 비밀이 있는 다정한 주방

집에서 중요하지 않은 공간은 없겠지만, 주방은 어딘가 마음을 다정하게 만들어주는 특별한 장소 같습니다. 특히 집에서 많은 시간을 보내는 '집순이'인 저에게는 더욱더 그렇습니다. 주방의 중심을 차지하는 식탁은 단순히 밥 먹는 공간이 아니라 책도 읽고 노트북으로 글도 쓰고 차도 마시는 등 이런저런 작업을 하는 소중한 공간입니다.

신혼집에 대한 꿈을 품을 때부터 식탁만큼은 꼭 원형으로 하고 싶다는 생각을 가지고 있었습니다. 동그란 테이블에 둘러앉아 도란도란 이야기를 나누는 가족의 모습을 그려보는 것만으로 마음이 따뜻해졌습니다. 작은 집에도 공간 활용이 좋을 듯하고 사각 테이블과는 다른 부드러운 느낌에 좋은 인상을 받았습니다.

집의 분위기는 심플하게 유지하면서도 식탁등만큼은 멋진 포인트가 되어주

공사 전 주방에는 가스레인지가 설치되어 있고, 가스 배관이 발코니부터 거실을 지나 주방 벽까지 길게 노출되어 있었다. 군더더기 없는 벽을 위해서 가스 배관을 철거하고 전기레인지를 설치했다. 흰색 타일을 시공하고, 상부장은 벽 전체를 채우는 것이 아니라 위와 옆 공간에 여유를 두고 설치해 답답해 보이지 않도록 했다.

전기레인지에 두 가지 종류가 있는데 인덕션은 자기장으로 열을 내는 가열방식으로 전용 용기가 필요하고 하이라이트는 상판 자체에서 열이 나는 방식이라 전용 용기는 필요 없으며 잔열감이 남는다. 틸만의 3구 하이라이트로 최종 결정을 내렸다.

간결한 느낌의 사각 싱크볼은 백조씽크 제품으로 사이즈도 크고 깊이감도 있어서 싱크대 상판으로 물이 튀지 않아 위생적이다. 백조씽크는 50년 이상의 역사를 자랑하는 국내 기업으로 두꺼운 스테인리스 소재를 써서 수작업으로 사각 싱크볼을 제작한다.

냉장고는 우리 부부의 살림 규모를 고려해 300리터 이하로 충분하다는 판단으로 스메그 제품을 선택했다. 우리 집 구조상 거실과 주방에서 냉장고가 잘 보이는 위치에 있기 때문에 디자인 효과까지 낼 수 있는 제품을 골라 인테리어의 균형을 잡았다.

면 좋겠다는 생각에 식탁 위에는 펜던트 등을 달았습니다. 펜던트 조명을 활용하면 음식도 더 맛있어 보이고, 집 안 분위기가 한층 아늑해 보인다고 합니다. 다양한 크기와 디자인, 컬러의 펜던트 중 전구를 다 덮을 정도로 갓이 크고 심플한 디자인의 흰색 펜던트를 고르고 따뜻한 느낌의 노란빛 전구를 달았습니다.

주방의 작은 비밀,
정수기

○

나의 주방엔 작은 비밀이 있습니다. 바로 싱크대 하부장에 쏙 들어간 정수기랍니다. 싱크대에 여유 공간이 많지 않아 조리 공간 확보가 절실했기에 하부장을 활용하기로 했습니다. 혹여 하부장에 두면 냄새가 날까 싶어 사전에 집 안 전체 하수도 트랩 설치를 마쳤습니다. 이동이 편리한 브라타 정수기도 염두에 두었으나 평소 물을 많이 마시고 조리할 때도 물 사용량이 적지 않아 일반 정수기를 택했습니다. 정수기 덕분에 페트병에 담긴 생수를 구매하지 않아서 일회용 쓰레기를 줄이는 데도 도움이 됩니다.

물을 받을 때마다 몸을 구부려야 하지만, 싱크대 조리 공간을 넓게 쓸 수 있고 사용하지 않을 땐 하부장을 닫으면 주방이 깔끔하게 정돈되어 만족하는 측면이 더 큽니다. 대체로 아침에 그날 마실 물을 넉넉하게 병에 받아두고 있지요. 간혹 손님이 오셨을 때는 정수기 사용이 불편할 수 있어, 물병과 컵을 함께 준비해드립니다.

미니멀 라이프를 하고부터는 물건을 들이기 전에 어디에 놓을까 하는 고민을 충분히 합니다. 사람마다 필요한 물건이 다르듯 물건의 자리도 각자의 상황에 따라 다를 테니까요. 환경에 따라서는 정수기를 하부장에 두는 것이 좀 불편하고 어색해 보일 수도 있지만, 우리에겐 최적의 장소였다는 판단이 섭니다. 어떤 물건이든 사용하는 이가 만족하는 장소라면 그곳이 제 자리일 테니까요. 언제든 삶의 변화에 따라 정수기를 싱크대 위로 올리는 것이 낫겠다 싶으면 옮길 수도 있겠지요.

주기적으로 점검을 오시는 정수기 매니저님 말씀으로는 하부장에 정수기를 두고 쓰는 집이 꽤 있다고 합니다. 어쩐지 남모를 동지애가 느껴집니다. 조리대 공간에 여유가 충분하지 않아 하부장에 정수기를 넣어 쓰고 계신 분들에게 응원과 격려를 보내봅니다. 우리끼리는 알 겁니다. 그 정수기가 주방의 작은 비밀이자 치열한 고심의 증거라는 것을요. 전국의 하부장 정수기 멤버분들, 파이팅입니다!

정수기를 싱크대 하부장 안에 설치해 조리 공간을 좀 더 넓게 쓸 수 있다.

싱크대 상단 플랩장과 하단 수납공간 안에 사이즈에 맞게 행거를 설치했다. 서랍 윗부분까지 공간의 활용도를 높일 수 있고 키친타월이나 고무장갑, 행주 등을 걸어서 보이지 않게 수납할 수 있다.

싱크대 전기레인지 아래 서랍에는 바로 꺼내 쓸 수 있도록 조리도구와 수저를 보관한다.

취향은 남기고 차근차근 가벼워지는 옷방

미니멀 라이프를 추구한다고 하지만, 옷 비우기는 아직 진행형으로 옷방도 차근차근 가벼워지고 있는 중입니다.

3평 정도의 아담한 옷방에는 아파트 기본 옵션의 미닫이장이 있어 인테리어 공사를 할 때 안에 옷걸이와 선반을 설치해 활용도를 높였습니다. 그 옆으로 주방과 마찬가지로 페트 소재의 낮은 수납장을 제작해 놓았고 위로는 벽걸이 행거를 설치했습니다.

계절에 맞게 자주 입는 옷은 입고 벗기 편하도록 이동식 행거에 겁니다. 행거는 옷방과 거실 등으로 자유롭게 옮겨가며 사용하고 있습니다. 옷방은 자주 창을 열어 공기를 순환시키고, 정기적으로 미닫이장을 비워 눅눅한 공기를 없애며 옷은 햇살에 살균해 뽀송뽀송하게 만듭니다.

자주 입는 옷은 이동식 행거에 걸어둔다. 행거는 이케아 '리가(RIGGA)' 제품. 옷걸이는 원목으로 통일했다.

소프트 수납 박스 네 개에 양말과 속옷, 철 지난 옷 등을 분류해 미닫이장에 보관한다. 계절이 바뀔 때마다 수납 박스의 옷들을 점검해 교체한다.

옵션으로 설치된 미닫이장에 선반과 옷걸이를 설치해 수납의 효율을 높였다.

자주 안 신는 신발은 박스에 넣어 미닫이장 상단에 수납한다.

도톰한 겨울용 이불은 미닫이장 하단에 보관한다.

옷방 수납장에 책과 CD, 액세서리, 화장품, 빗, 드라이, 다리미 등을 내부 수납한다.

소프트 수납 박스 네 개에 양말과 속옷, 철 지난 옷 등을 분류해 미닫이장에 보관하고 있습니다. 계절의 변화에 따라 수납 박스에서 입을 옷들을 꺼내 상태를 살핀 뒤 옷걸이에 걸고, 철 지난 옷들은 세탁 후 곱게 접어 넣습니다. 예전엔 계절에 맞게 옷장 정리를 한다는 생각만으로도 가슴이 답답했는데, 미니멀 라이프로 옷 구매를 줄이면서 관리에 마음을 쓰는 여유가 생겼답니다. 한차례 비운 뒤로는 내가 감당할 수 있는 적당량의 옷을 유지하고 있어 다행입니다. 옷이 너무 많아 행거가 무너지는 일만큼은 이제 없으니까요.

옷뿐만 아니라 신발과 이불, 선풍기, 컴퓨터 등의 제품 박스도 미닫이장에 보관하고 있습니다. 미니멀 라이프를 하면서 많은 신발을 비웠고, 평상시 자주 신는 운동화나 슬리퍼는 현관의 벤치 수납장에 놓고 지냅니다. 주로 특별한 날 신는 구두는 박스에 넣어 미닫이장 상단에 수납하고 하단에는 이불을 보관합니다.

옷을 사는 것보다
내 옷장을 즐기기

○

미니멀 라이프를 해도 옷을 좋아하는 마음은 여전합니다. 다만 변화된 기준을 갖고 아끼게 되었습니다.

옷을 들일 때는 디자인도 고려하지만 환경을 함께 생각합니다. 미니멀 라이프 초창기엔 많이 비우는 것만 생각했다면, 이제는 최대한 선순환하려고 노력합니다. 옷을 사야 한다면 환경 피해를 줄일 수 있는 소재와 생산과정의 옷을 적극적으로 찾아보고, 지금 있는 옷들을 최대한 잘 입고 새 옷을 최소로 들이려고 합니다.

취향을 애써 버리지는 않습니다. 무채색이 주는 질리지 않는 느낌도 좋지만, 귀여운 캐릭터 티셔츠와 러블리한 옷을 입으면 행복해지는 사람입니다. 대신 취향을 넘어서는 지나친 과욕은 부리지 않도록 노력해봅니다. 예전엔 마음에 드는 디자인을 발견하면 '깔별'로 소장하고 '세트'로 갖춰야 직성이 풀리던 사람이었는데, 이제는 호흡을 고르고 내가 가진 옷을 더 사랑하는 방법을 찾아봅니다.

쇼핑하듯 내 옷장에서 코디를 구상하고, 예쁜 조합을 발견했을 때는 사진으로도 남기며 재미를 찾곤 합니다. 캐주얼한 외출에는 티셔츠와 에코백을, 남편과 데이트 기분을 내고 싶을 땐 아끼는 원피스와 핑크 파우치를 코디합니다. 격

적당량의 옷만 지니고 나서 옷방에서 코디를 짜는 즐거움이 커졌다.

식 있는 자리에는 단정한 재킷과 가방을 듭니다. 비운 후에 남겨진 옷들은 나를 빛내주는 멋진 파트너가 되었습니다.

이렇게 내 옷장을 면밀히 알게 되니 옷장에 옷은 차고 넘치지만 입을 옷이 없다며 불만족스러워하는 일은 줄었습니다. 군더더기를 빼고 나만의 취향으로 편집한 옷방이기에 남겨진 옷을 더 소중히 관리하게 됩니다.

화장품 바닥을 보는 일이 늘었습니다

미니멀 라이프를 실천하면서 화장품 바닥을 보는 일이 많아졌습니다. 화장품을 좋아하고 신상품에도 관심이 많다 보니 항상 화장대 위에 화장품이 넘쳐났지만, 끝까지 쓰고 비우는 일은 드물었습니다. 꼭 필요한 제품만 남기기로 마음을 먹고 유통기한이 지난 것, 나와 어울리지 않는 것, 비슷비슷한 제품 등을 정리했습니다. 화장품 수가 줄어드니 파우더룸이나 화장대가 따로 필요 없다고 느껴져 수납장 안에 보관하게 되었습니다.

제가 바라는 '화장품 미니멀'은 나만의 취향은 남기되 차츰차츰 최소화하는 것이랍니다. 화장품이 줄면서 스킨케어와 메이크업 과정도 간소화되었습니다. 예전에는 스킨케어 제품으로 각질 제거 필링-토너-부스터-앰풀-에센스-로션-아이크림-수분크림-영양크림-페이스 오일-선크림 등을 차곡차곡 바르는 단계를 구축했습니다. 색조 메이크업 제품의 경우에는 개봉조차 안 한 것도 많은데, '신상'이 나오면 마치 어린아이가 장난감 모으듯 사는 데 몰두했답니

많은 화장품을 비우며 화장품은 관상용이 아닌 유효기간이 명확한 제품이라는 사실을 명심해야겠다고 다짐했다.

다. 지금은 스킨케어는 토너, 에센스, 크림 정도만 가지고 피부 상태에 따라 알맞게 사용하고, 색조 메이크업 제품도 선별해서 남겼습니다.

화장품을 정리하면서 무엇보다 가지고 있는 파운데이션과 매니큐어의 양에 스스로도 놀랐습니다. 개봉조차 안 했거나 새것 같은 제품도 많아서 반성했지요. 예전엔 네일케어 안 한 손이 어쩐지 쑥스러웠는데 지금은 깔끔하게 손톱 정리하고 핸드크림만 발라도 충분하다는 마음가짐이 되어 모두 정리했습니다. 가끔 특별한 날이나 기분을 내고 싶을 땐 동네 네일케어 숍에서 관리를 받는 것으로 충분하니까요. 파운데이션은 가장 잘 쓰는 샤넬 고체 파운데이션 하나만 남기고, 비비크림 하나와 번갈아 쓰며 무난히 지내고 있습니다.

전문 메이크업 아티스트처럼 메이크업 도구를 지니고 산 적이 있었는데, 아무리 좋은 장비도 실력이 받쳐주지 않으면 빛날 기회가 없다는 것을 느끼고 브러시 하나와 뷰러 정도만 남기고 정리했습니다.

가장 정리가 어려웠던 품목은 립스틱이었습니다. '하늘 아래 같은 핑크 립스틱은 없다'는 말에 고개를 끄덕이며 핑크 계열이라면 무조건 사서 모을 정도로 립 제품을 좋아했거든요. 수많은 핑크 중 내게 잘 어울리는 핑크는 무엇인지 연구하는 마음으로 메이크업을 전공한 지인의 도움을 받아 궁극의 핑크 립스틱 몇 개만 엄선해 남겼습니다.

블러셔와 아이섀도는 소진이 느리다 보니 예전엔 새 제품에 밀려 바닥을 본 기억이 없었는데, 이제는 기존 제품을 끝까지 사용하는 것을 우선으로 합니다. 이렇게 화장품 바닥이 보일 정도로 다 쓰는 것을 '힛팬(Hit pan)'이라고 하는데, '힛팬템'이나 '공병템'이 늘어나는 것을 보면 뿌듯합니다.

비움의 과정을 거치며 제품 하나하나에 대한 소중한 마음은 더 커졌습니다. 소비 욕구를 억누르며 참는 것이 아니라 정말 좋아하는 물건을 만족스러운 마음으로 사용하는 것이라 메이크업을 하면서도 기분이 좋습니다. 무작정 비우

기초 화장품은 세안 후 바로 사용할 수 있게 욕실용품과 함께 욕실 앞 수납장에 두고, 메이크업 제품은 옷방 수납장에 보관한다.

는 것보다 낭비 없이 다 쓰는 것이 훨씬 더 가치 있고 성숙한 자세임을 배우는 계기도 되었습니다.

아울러 과거엔 화장품을 고를 때 브랜드나 기능, 가격, 포장 디자인만 따졌다면, 지금은 동물실험이나 리사이클링 여부, 원재료부터 포장까지 환경에 미치는 영향 등을 살피게 됩니다. 패키지 뒷면에 동물실험을 하지 않는다는 인증인 크루얼티프리(Cruelty-Free), 리핑버니(leaping bunny) 마크가 있는지 찾아보면서 내가 쓰는 화장품이 사회에 미치는 영향을 함께 고려합니다. 여전히 너무 좋아하는 제품이 추구하는 조건과 맞지 않아 고심할 때도 많지만, 선한 영향력을 가진 뷰티 브랜드들을 꾸준히 찾고 사용함으로 힘을 보태고자 합니다.

간단한 화장은 욕실 거울을 보면서 하거나, 수납 박스를
거실로 가지고 나와 전신 거울 앞에서 한다.

내가 남긴 화장품

토너

라운드랩 '약콩 영양 토너', 정선의 약콩으로 만들어진 고보습 기능의 토너로 건성인 내 피부에 잘 맞는다. 국내 원료로 생산되고, 친환경 소이잉크와 친환경 포장재를 사용한다.

러쉬 '브레스 오브 프레쉬 에어 토너 워터', 남편과 함께 쓰는 제품으로 알로에 베라가 함유되어 피부 진정 효과가 크다. 분사형 타입으로 메이크업 후에도 뿌려서 수분 공급을 할 수 있다.

에센스&오일

티엘스 '콤부차 티톡스 에센스', 콤부차 추출물에 3중 히알루론산이 함유되어 보습력이 뛰어난 비건 에센스. 가끔은 토너를 생략하고 이 제품만 바른다.

눅스 '윌 프로디쥬스 멀티 드라이 오일', 유리병 패키지도 마음에 들고 양도 넉넉해 페이스 오일이지만 큐티클 정리나 머릿결 정리에도 두루 활용한다.

아로마티카 '네롤리 브라이트닝 페이셜 오일', 미백 기능성 오일로 얼굴에 잡티가 염려될 때 사용한다. 수거된 유리로 만든 재활용 용기에 담겨있다.

데저트 '에센스 퓨어 호호바 오일', 좋아하는 가수인 이효리 씨 집에서 사용하는 오일로 처음 알게 된 제품. 호호바 씨앗 100%로 만들어진 오일 에센스로 동물실험을 하지 않고 수익의 일부를 빈곤 지역 소녀들의 인권을 위해 기부하는 착한 브랜드 제품이다.

크림&팩

라운드랩 '자작나무 수분크림', 국내산 원료를 사용하고 친환경 포장재를 쓰는 클린 뷰티를 추구하는 브랜드 제품.

이니스프리 '한란 인리치드 크림', 버려지는 감귤껍질과 재생펄프로 만든 종이 박스에 담긴 제품으로 혹한 속에서 피어나는 제주 식물 한란을 재료로 만들어 보습력이 좋다. 이니스프리는 적극적으로 공병수거 캠페인을 진행하는 브랜드이다.

토니모리 '아쿠아 수분크림', 지성 피부인 남편이 쓰는 가성비 훌륭한 크림. 토니모리는 동물실험을 해야 수출 가능한 중국에 수출을 포기하고 동물실험을 하지 않는 브랜드이다.

러쉬 '마스크팩', 재활용 패키지인 블랙팟에 담긴 자연주의 성분 마스크팩. 사용한 용기 5개를 매장에 가져가면 새 제품 하나를 무료로 증정받을 수 있다.

메이크업 제품&향수

파운데이션 — 내 피부에 잘 맞는 샤넬 고체 파운데이션 하나만 남겼다. 자외선 차단 기능이 있는 미샤 '초보양 비비크림'과 병행해서 사용한다.

아이브로펜슬 — 깎아 쓰는 연필 타입의 에보니 펜슬을 사용한다.

블러셔 — 베네피트의 '하바나'와 토니모리의 '밀키 바이올렛 블러셔', 2개만 남겼다. 바닥이 다 보일 때까지 새로 들이지 않을 생각이다.

아이섀도 — 컬러 조합이 내 취향인 시세이도 '마끼아쥬 아이 팔레트' 1개만 남겼다.

마스카라 — 1개만 꾸준히 사용하고 다 쓰면 교체한다. 다 쓴 마스카라 솔은 잘 씻어서 눈썹 정리할 때 사용한다.

립스틱 — 내 얼굴에 가장 잘 어울리는 립스틱만 선별해 남겼다. 맥의 '플랫아웃 패뷸러스', 미샤의 '왓더퍼플', 베네피트의 '포지틴트'.

립밤 — 멜릭서 '비건 립 버터', 국내 최초 비건 스킨케어 브랜드 멜릭서 제품으로 석유 추출 성분인 '바셀린'을 제외한 자연 성분으로 촉촉한 입술을 유지해준다.

향수 — 수집할 정도로 좋아했던 품목인 향수는 베네피트의 '메이비베이비' 하나만 남겼다. 소장하는 향수의 수량은 최대 3개까지로 기준을 세웠다.

메이크업 도구 — 가장 잘 쓰는 바비브라운 페이스 브러시와 맥 뷰러만 남겼다.

살아가며 아쉬운 점

인테리어 공사를 마치고 살면서 아차 싶은 게 두 가지가 있습니다. 바로 간접 조명과 욕조랍니다. 간접 조명은 너무 많이 설치한 것 같고 반대로 욕조는 왜 뺐을까 하는 아쉬움이 남습니다.

인테리어 업체에서는 조명의 효과를 중요하게 생각해 조명 자체가 두드러지지 않으면서 적절한 조도를 내려면 어떤 조명을 어디에 설치해야 할지 구체적으로 상담해주셨습니다. 인테리어와 조화를 고려해 거실에는 바리솔, 주방에는 펜던트 등을 고르고 잠을 자는 안방은 밝은 하얀빛보단 따뜻한 느낌을 주는 노란빛의 조명을 설치하기로 했습니다. 또한 메인 라이트 외에도 간접 조명을 곳곳에 설치하면 따로 스탠드를 두지 않아도 집 안을 원하는 밝기로 조절할 수 있다고 권해주셨습니다.

간접 조명을 천장에 매립 형태로 설치하면 빛이 은은하게 떨어져 공간을 자연스럽게 밝혀주는 효과가 있습니다. 최근에는 별도로 비용을 들여 간접 조명 공사를 하는 집도 많다고 하니 전기배선 작업 공사를 할 때 함께 시공하는 것이 좋을 것 같았습니다. 이번 기회에 하지 않으면 추가 설치가 어렵다는 생각에 욕심을 부려 거실과 방 곳곳에 간접 조명을 넉넉하게 달기로 했습니다.

그때는 미처 몰랐습니다. 우리 부부가 대체로 낮은 조도로 생활한다는 것을요. 현관부터 거실까지는 열두 개, 방에는 세 개씩 간접 조명을 설치했는데 막상 살아보니 우리 부부에겐 과한 빛이었답니다. 우리가 어떤 조명을 선호하는지 면밀히 살피지 않고, 그저 지금 설치하지 않으면 기회가 없다는 것에만 집착한 우리의 불찰이지요. 아무리 인테리어 업체에서 저렴하게 제공하는 서비스라고 해도 우리에겐 필요가 없다면 정중하게 사양하는 소신을 가졌어야 했는데 말이죠. 설치만 해두고 잘 사용하지 않으니 천장에 구멍이 난 것처럼 거슬릴 때가 있습니다.

반대로 밝은 공간을 선호하시는 부모님께서는 조명이 풍성한 것을 마음에 들어 하셨습니다. 조명 하나도 성향에 따라 만족도가 판이한 것을 보면 인테리어에는 정답이 없다는 생각이 듭니다. 중요한 건 집에 머무는 당사자들의 상황과 취향에 맞게 선택하는 것이겠지요.

간접 조명이 과해서 아쉬운 부분이라면 반대로 없애서 아쉬운 것도 있습니다. 여유 공간을 만들기 위해 기존에 있던 욕조를 철거하고 샤워부스만 설치한 점입니다. 덕분에 쾌적하게 샤워할 수 있고 욕실 청소도 간편하지만 뜨거운 물이 찰랑찰랑 담긴 욕조에 몸을 푹 담글 때 느끼는 편안함은 포기해야 했습니다.

왜 그때는 전신욕으로 피로를 푸는 것이 얼마나 큰 행복인지 잊어버린 건지 한숨이 나옵니다. 공사가 다 끝난 후 욕조를 다시 설치하거나 이동식 욕조를 들이는 것도 진지하게 고심했지만 여러 가지 부담이 생겨 포기했습니다. 만약 다시 인테리어 공사를 할 기회가 생긴다면 욕조는 반드시 만들 거라 다짐했습니다.

욕조의 아쉬움은 종종 동네 목욕탕에 가는 것으로 풀지만, 욕조가 있는 집을 보면 그렇게 부럽답니다. 또 여행지의 숙소를 고를 때는 욕조가 있는지를 꼭 살피게 됩니다. 사람이 이래서 없어 봐야 그 소중함을 절실히 깨닫게 되나 봅니다.

돌이켜보면 방치 중인 간접 조명은 다 쓰지도 않을 거면서 세일하거나 사은품을 준다고 하면 무조건 사들였던 습관적인 과욕과 닮았습니다. 또 공간을 넓게 쓰고 싶단 욕심에 욕조를 비워버린 제 모습은 미니멀 라이프 초기에 '비움'에만 너무 몰입해 정작 필요한 물건까지 처분했던 성급함을 떠올리게 합니다. 공사를 마치고 보니 아쉬운 결정들도 있지만, 경험치가 쌓여서 다음에는 더 나에게 잘 맞는 선택을 할 수 있을 거란 자신감도 붙었습니다.

인테리어 공사를 하며 새삼 느낀 건데 나이만 적지 않게 먹었지, 나에 대해 잘 모르고 사는 게 많더라고요. 조명 하나를 선택하기에 앞서서도 스스로에 대한 성찰이 필요하다는 걸 새삼 느끼게 됩니다.

간접 조명을 천장에 매립 형태로 설치하면 빛이 은은하게 떨어져 공간을 자연스럽게 밝혀주는 효과가 있다. 현관부터 거실까지는 열두 개, 방에는 세 개씩 간접 조명을 설치했는데, 상당히 밝아서 일부는 연결선을 빼두었다.

기존에 있던 욕조를 철거하고 샤워부스를 설치했더니 공간을 넓게 쓸 수 있고 청소가 편하다는 장점이 있지만, 욕조 목욕의 즐거움을 포기해야 해서 아쉽다.

몇 년간 주방 후드 없이 지내다 미세먼지 등의 공기질 문제로 자연 환기에만 의존하기에는 한계가 느껴져 후드를 달았다. 하츠(Haatz)의 '싱글 스퀘어'는 주방 타일을 깨지 않고 전기선으로 부착이 가능한 탄소필터 후드이다.

이 집에 살아가며 남편과 나는 은은한 조명을

선호하는 사람들임을 깨달았습니다.

굳이 간접 조명을 전부 다 밝히는 것이

낭비라고 여겨져서 필요한 등만 남기고

나머지는 연결선을 빼둔 채 생활하고 있습니다.

안방에는 세 개 중 한 개의 등만 사용 중입니다.

'등 하나로도 충분하다'는 것을 알고 나니

그 빛이 더 따뜻하고 포근하게 느껴집니다.

DAILY
MINIMAL LIFE

PART 2

매일매일 성실하게 비우기

나의 비우기 방법

미니멀 라이프에 있어 물건 비우기는 중요한 수단입니다. 아울러 비움은 이벤트성이 아닌 미니멀 라이프를 하며 평생 함께할 동반자가 아닐까 싶습니다. 초창기보다 양이 줄었을 뿐, 비워야 할 존재가 꾸준히 나오기 때문입니다. 그동안 물건을 비우면서 도움이 되었던 비우기 방법을 나열해봅니다.

첫 번째는 물건 품목을 정해 비우기입니다. 옷, 주방 살림, 신발, 화장품, 문구류 등 물건을 종류별로 나누고 특정 품목을 비우는 것을 목표로 합니다. 모든 물건이 많은 것이 아니라 특정 품목이 넘치는 사람들에게 잘 맞는 방법입니다.

품목별로 나눠서 정리하다 보면 스스로가 그동안 어떤 물건에 과도하게 집착했는지 알게 됩니다. 제 경우엔 화장품 욕심이 지나쳤다고 느꼈습니다. 사

놓고 다 안 쓴 화장품, 유효기간이 지난 화장품도 많은데 또 사서 쟁이기만 했습니다. 최근에는 티셔츠를 비우기 품목으로 정하고 보니 비슷비슷한 맨투맨이 참 많아서 몇 벌 정리했습니다. 이렇게 품목별로 비우면, 이후에 비슷한 물건을 사고 싶을 때 절제하는 자세가 생깁니다.

만약 모든 물건이 넘친다면 비움이 절실한 품목부터 순서를 정해 실천해도 괜찮습니다. 한꺼번에 모든 물건을 다 하려고 하면 어디서부터 손을 대야 할지 몰라 포기하기도 쉽답니다. 그럴 땐 첫 번째 화장품, 그다음 문구류, 이후에 그릇 이렇게 차근차근 품목별 공략 대상을 정하면 비우기 진입 장벽이 조금 낮아집니다.

두 번째는 공간별로 비우기입니다. 집 안 전체가 물건으로 잠식되어 있다면 품목별로 공략하기보다는 공간을 정해서 '타협 없이 전진한다'는 각오로 비워 봅니다. 처음부터 너무 거창하게 '오늘은 안방, 내일은 거실' 이런 식으로 목표를 잡으면 힘들어 포기할 수도 있습니다. 아주 작은 공간으로 세밀하게 비워 봅니다. '일단은 서랍 한 칸' 이런 식으로요. '고작 서랍 한 칸?' 하며 우습게 생각한 게 놀라울 정도로 비워야 할 물건이 화수분처럼 나올 수도 있습니다.

특히 정리정돈에 대한 성취감이 없던 사람이라면 자신의 힘으로 서랍 한 칸이라도 미니멀 라이프로 재탄생되는 것을 눈으로 확인하면 커다란 동기부여가 될 것입니다. 주변에 아직 비우지 않은 공간과 대비되면서 시각적인 쾌적함이 극대화되어 의욕을 불러일으킵니다.

이때 이 공간에서 비운 것을 임시로 다른 공간으로 옮기지 않도록 조심합니다. 비울지 말지는 무조건 해당 공간에서 담판을 짓습니다. 어정쩡하게 결정을 미루고 다른 공간으로 옮기면 처음엔 말끔해 보이지만, 마치 왼쪽 주머니에서 오른쪽 주머니로 잠시 옮긴 것처럼 근본적인 해결은 되지 않습니다.

세 번째는 감정으로 비우기입니다. 아무리 비싸게 주고 산 물건이라 해도 불쾌한 기억이 남아있거나, 아무리 빛나는 추억의 산물이라 해도 '왕년의 내가 이렇게 잘나갔었는데' 하며 지금의 현실을 초라하게 만드는 건강치 못한 감정이 드는 물건이라면 비웁니다.

물건이 만들어내는 에너지는 생각보다 큽니다. 남들이 아무리 칭찬하는 물건이라 해도 본인 마음에 어딘가 불편하고 취향이 아니면 비우는 게 좋다고 느낍니다. 주변에서 멀쩡한 건데 왜 비우냐는 타박을 들을까 눈치 보여 억지로 가지고 있는 물건도 있을 겁니다. 나눔이나 기증 같은 좋은 방법도 얼마든지 찾을 수 있습니다. 굳이 부담스럽고 불편한 물건을 억지로 품고 있을 필요는 없다고 생각합니다.

타인의 눈엔 혹여 낭비로 보일지라도 본인 감정을 최우선으로 비움을 결정한다면 '유익한 낭비'라 여깁니다. 단, 좋지 않은 감정을 불러일으킨 물건을 비웠다면 이후엔 같은 실수를 되풀이하지 않겠다는 성찰도 필요하겠지요.

내 취향이 아니어서 손도 안 가고 자리만 차지해 부담스러웠던 그릇 세트를 기부로 비웠습니다. 이후에 그릇 세트를 무턱대고 사는 일은 없었으니 교훈을 얻은 셈입니다.

감정을 기준으로 물건을 관찰하다 보면 거기에 투영된 나의 불안감이나 결핍이 보입니다. 남들에게 혹여 초라하게 보일까 싶어 비싼 물건을 무리해서 샀던 것, 거절하는 게 서툴러서 필요 없는데도 구입한 것 등 물건들을 보며 앞으로는 감정에 휘둘려 물건을 사지 않아야겠다는 다짐이 생깁니다.

네 번째는 선한 목적으로 비우기입니다. 거창한 건 아니지만, 집에 방치되었던 외국 동전을 편의점에 있는 유니세프 기금함에 비우거나, 상태는 좋지만 입지 않는 옷을 옷캔이나 아름다운 가게 같은 기증처에 보냈습니다.

기부할 물건은 선물 드린다는 심정으로 예의를 갖춰 가능하면 상태가 좋은 것을 고릅니다. 옷은 반드시 깨끗하게 세탁하고 물건에 하자가 없는지 꼼꼼히 살핍니다. 그리고 못난 주인 만나 제구실 못 하고 보내는 것에 대한 미안함을 지녀봅니다. 선한 목적의 비우기는 쓰레기를 만드는 것이 아니라 선순환의 리듬을 만들어낸다는 점에서 의욕이 생깁니다. 나에게는 안 쓰는 물건이지만 누군가에겐 꼭 필요한 물건으로 쓰임 받는 것을 보면 미니멀 라이프를 하길 잘했다는 뿌듯함이 생깁니다.

마지막으로 금전적 가치로 비우기입니다. 물건을 비울 때 '이걸 얼마 주고 샀는데!' 하는 금전적 손실에 대한 아쉬움이 걸림돌이 됩니다. 그나마 금전적 가치를 보전하는 것은 중고 거래인데, 처음엔 어렵고 귀찮기도 했습니다. 또 아무리 비싸게 주고 산들 중고로 팔 때는 어이없을 정도의 가격 손해를 감수해야 하고, 그마저도 원활하게 이뤄지지 않는다는 것을 경험했습니다. 하지만 그런 경험도 도움이 되었다고 여겨집니다. 비우는 어려움을 염두에 두면서 구매가 매우 신중해졌기 때문입니다.

구매는 쉽지만 환불이나 교환은 어렵습니다. 물건은 중고가 되면 가격이 하락합니다. 살 때는 대접받지만 중고로 거래하려고 하면 쉽지 않은 현실도 깨닫습니다. 비우는 것도 중요하지만 오래오래 잘 쓸 물건과 인연을 맺는 것이 우선임을 절실히 느낍니다. 아울러 내가 판매한 물건이 중고이긴 하지만 상태가 새것과 다름없는 것이 많았기에 꼭 필요한 물건이 생기면 중고로 찾아봐도 좋겠다는 호감이 생깁니다.

소개한 다섯 가지 기준이 정답은 아닐 겁니다. 각자에게 맞는 비우기 방법은 모두 다를 테니까요.

덧붙이면 성격별로도 맞는 비우기 방법이 있을 겁니다. 성격이 급하다면 눈으로 확연하게 결과가 보여야 성취감도 커집니다. 그런 타입은 큰 가구 같은 사이즈가 있는 물건을 비우면 도움이 됩니다. 반대로 너무 많은 물건을 단박에 비우고 싶지 않다면 하루에 한 개씩 혹은 주말에 세 개씩 이런 식으로 목표를 가지고 꾸준히 비우는 게 좋겠지요. 저는 성격이 급한 편이라 뭐든 빨리 속도를 내서 비웠지만, 남편은 생활 속에서 차근차근 비우는 편을 선호한답니다. 이처럼 각자의 성향에 맞게 비우기 방법을 택해야 지치지 않고 후회 없이 비울 수 있겠지요.

당장 비울 수 있는 물건 리스트

비우기를 결심해도 마음과 달리 실천은 어려웠답니다. 특히 애착이 남은 물건을 안 쓴다는 이유만으로 비우기는 주저하게 됩니다. 그럴 때는 비워도 무방한 물건부터 접근하면 도움이 됩니다. 서랍 안에 굴러다니는 유효기간이 지난 약품, 욕실 구석에 방치된 빈 샴푸통처럼 이미 쓰임이 다했지만 자리를 차지하는 물건들이 꽤 있답니다. 이런 물건들을 정리하는 것만으로 집 안이 한결 쾌적해져 정리에 의욕이 생깁니다.

우선 너무 낡거나 고장이 난 물건부터 비웁니다. 낡은 청바지와 신발은 그만큼 잘 사용했다는 의미이니 고맙다는 인사와 함께 미련 없이 보냅니다. 수리 비용이 새로 사는 것보다 훨씬 더 비싼 고장 난 시계도 비웁니다.

공간을 지나치게 차지하는 물건은 비우거나 부피를 줄입니다. 책상에 놓인 도자기통을 비우고 심플한 필통 안에 필기도구를 넣습니다. 책상 공간이 한결 여유로워집니다. 영양제를 모두 꺼내서 하나의 수납통에 모아봅니다. 부피가 큰 포장 박스를 정리하고 본품만 남기면 공간에 여유가 생깁니다.

나도 모르게 늘어나기 쉬운 사은품과 샘플은 받은 즉시 정리합니다. 샘플로 받은 화장품은 '나중에 여행 갈 때 써야지'라는 핑계로 모아두곤 했는데 이제 필요 없는 물건은 받지 않고 관심이 가는 품목은 바로 사용해봅니다. 식자재를 인터넷으로 구매할 때 같이 오는 아이스팩은 차곡차곡 모아두었다가 동네 정육점 사장님께 드립니다.

쓰임새가 겹치는 물건이 많으면 어정쩡한 물건은 비웁니다. 에코백이 많아져 몇 개는 나눔을 하고 우산, 와인 오프너, 컵도 몇 개는 비웠습니다. 음식을 테이크아웃 할 때 함께 받은 일회용 수저는 가게에 돌려드렸습니다.

우리 부부가 먹기에 양이 많은 식자재가 있다면 컨디션이 가장 좋을 때 지인분들과 나눕니다. 식자재의 상태가 최상일 때 미리 여쭙고 부담 없는 양으로 소분해 드립니다.

반드시 거창한 물건을 비우는 것만이 미니멀 라이프는 아닐 겁니다. 당장 비워도 무방한 장벽이 낮은 물건부터 살펴서 비우면 미니멀 라이프에 대한 부담감도 가벼워지고 집도 단정해집니다. 사소한 물건이라도 스스로 비움을 결정하고 오늘 실행하는 것이 중요합니다.

GRANIT
GRANIT

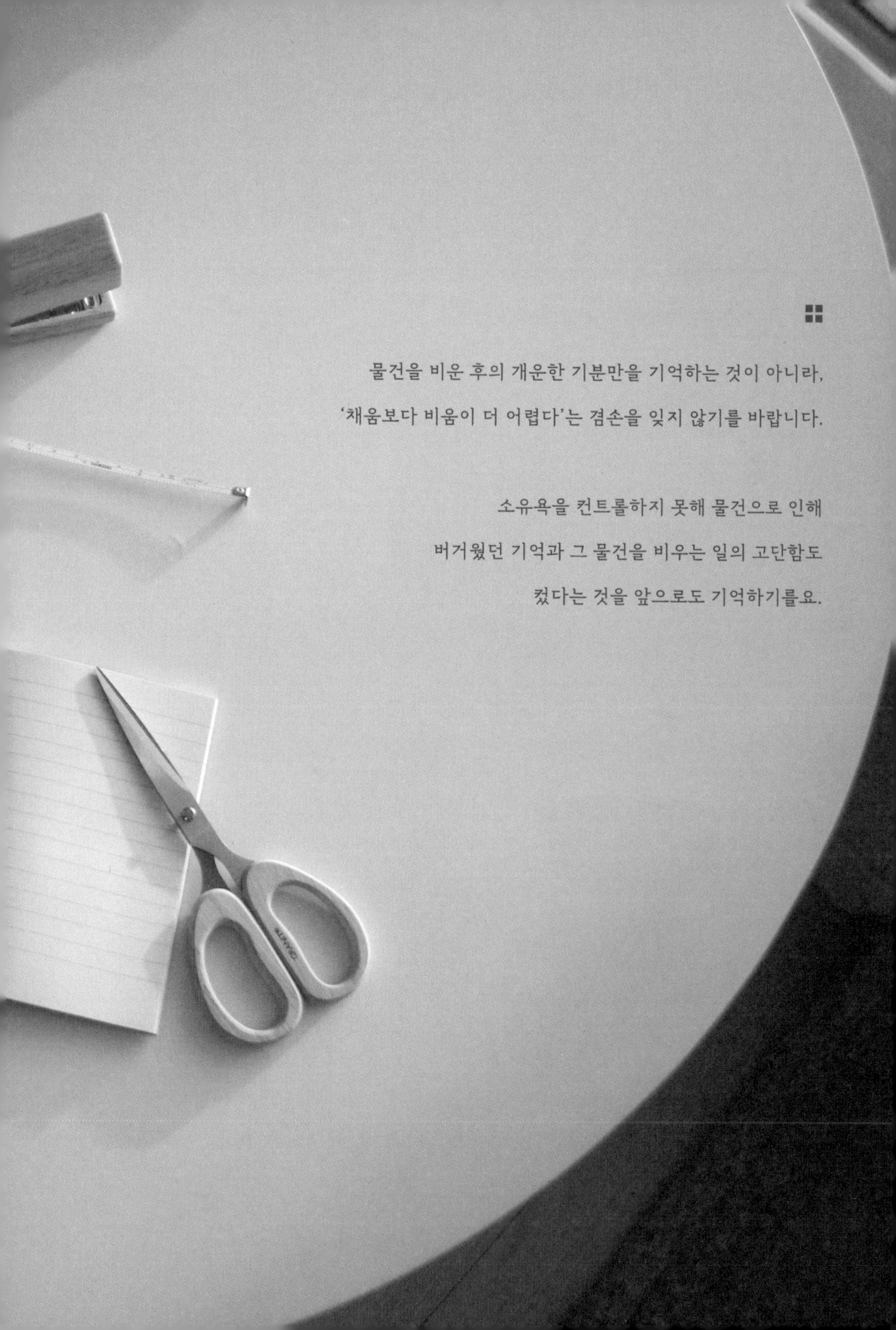

물건을 비운 후의 개운한 기분만을 기억하는 것이 아니라,
‘채움보다 비움이 더 어렵다’는 겸손을 잊지 않기를 바랍니다.

소유욕을 컨트롤하지 못해 물건으로 인해
버거웠던 기억과 그 물건을 비우는 일의 고단함도
컸다는 것을 앞으로도 기억하기를요.

우리 집
청소 루틴

미니멀 라이프를 하고 가장 좋은 점은 청소에 대한 부담이 줄었다는 것입니다. 걸리적거리는 물건이 없는 편이라 청소 시간이 많이 단축되었고 제 나름의 청소 루틴도 생겼습니다. 무엇보다 가장 큰 변화는 청소를 바라보는 관점이 달라졌다는 것입니다.

예전엔 청소란 각 잡고 완벽하게 해야 한다고 생각하니 청소를 시작할 엄두가 나지 않았습니다. 지금은 청소란 날을 잡아 몰아서 하는 특별한 행사가 아니라, 자연스러운 생활의 일부라고 생각합니다.

아침에 일어나면 창을 열어 환기하고 이불과 베개 먼지를 텁니다. 바닥 클리너로 먼지를 없애고, 거실과 안방 바닥을 물걸레질합니다. 샤워하는 김에 부스러기 비누가 담긴 망으로 샤워부스를 닦아주고, 양치하면서 세면대를, 설거지하면서 싱크대를 함께 닦아줍니다.

“문제를 모른 채 회피하면 시간이 지날수록 점점 더 해결하기 어려워지죠. 당장은 엄두가 안 나도 눈 딱 감고 해치우면 의외로 별거 아닌 경우가 많습니다. 전자레인지 청소처럼요.”

드라마 <당신의 하우스헬퍼> 중

미루는 습관은 청소를 어렵게 만듭니다. 몰아서 하는 대청소보다는 대충 해도 매일 하는 청소가 나를 편하게 합니다. 이를테면 음식을 하다 전기레인지에 생긴 얼룩은 굳기 전에 그때그때 지웁니다. 외출하고 돌아와 옷을 바닥이나 의자에 던져두지 않고 옷걸이에 잘 걸어두려고 합니다.

일주일에 한 번은 소독하고 살균을 하는 날입니다. 청소는 아름다움을 위한 실천이기 전에 위생을 위한 것입니다. 스테인리스와 유리 제품은 식초를 넣은 물로 열탕 소독하고 행주는 삶고, 싱크대 덮개와 거름망도 뜨거운 물로 소독한 뒤 햇빛에 잘 말립니다. 수건은 세탁기에서 흰 빨래 삶기 모드로 돌리고 날씨가 좋을 때는 침구와 베개, 양치도구, 식기 등을 볕 좋은 곳에 두어 살균시켜줍니다.

보름에 한 번 정도는 틈새 청소를 합니다. 다른 이들 눈엔 잘 안 보일지 몰라도 하고 나면 집을 빛내주는 효과가 있습니다. 조명, 인터폰이나 보일러, 콘센트, 걸레받이 상단에 쌓인 먼지를 걸레로 닦아줍니다. 문 상단과 문턱 틈새, 냉장고와 싱크대 상단, 폴딩 도어와 창틀도 꼼꼼히 닦아줍니다.

보름에 한 번 정도는
조명에 쌓인 먼지를
걸레로 제거해준다.

싱크대 덮개와 거름망도 주기적으로 뜨거운 물로 씻은 뒤
일광소독을 해준다.

일주일에 한 번은 스테인리스, 유리 제품은 식초를
넣은 물로 열탕 소독한다.

전기레인지에 생긴 얼룩은 그때그때 지우고, 물기가 있는 주방용품은 주기적으로 햇볕에 잘 말린다.

한 달에 한 번은 날을 잡고 대청소를 합니다. 많은 시간 생활하는 거실과 안방은 벽 먼지부터 털어내고 발코니 방충망을 닦고 주방 타일도 뽀득뽀득 닦습니다. 특별한 날엔 집 안 구석구석 윤기를 냅니다. 린스로 냉장고와 거울을 닦으면 코팅 효과가 생겨 오래도록 윤기가 흐르고 얼룩도 덜 생깁니다. 남는 케첩이 있으면 수전 청소를 합니다.

홀수 달에는 냉장고 대청소를 합니다. 냉장고에 있던 식자재를 다 꺼내고 알코올에 레몬즙을 섞어서 골고루 뿌린 뒤 닦아냅니다. 냄새도 없애고 냉장고 안 상태도 점검할 수 있습니다.

청소만으로 모든 문제가 해결되지는 않겠지만, 내가 머무는 공간이 내 힘으로 말끔해지는 과정은 정서적으로 큰 위안을 줍니다. 우리만의 청소 루틴으로 집을 살필 때 몸은 조금 힘들지 몰라도 마음이 회복됨을 느끼니까요. 앞으로도 청소에 마음을 다하고 싶습니다. 집을 청소하는 것은 곧 나 자신을 돌보는 일이니까요.

우리 집 청소도구

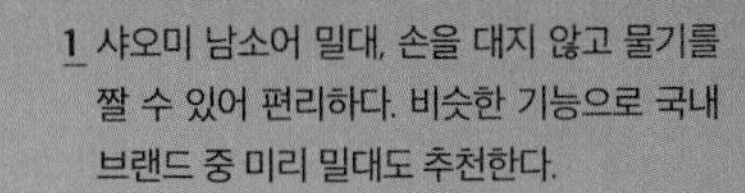

1 샤오미 남소어 밀대, 손을 대지 않고 물기를 짤 수 있어 편리하다. 비슷한 기능으로 국내 브랜드 중 미리 밀대도 추천한다.

2 플러스마이너스제로 무선 청소기, 유선 청소기는 흡입력이 좋지만 무겁고 줄이 거추장스러워 손이 잘 안 가는 편이라 자주 돌리기에 부담 없는 가벼운 무선 제품을 골랐다.

3 무인양품 카페트 클리너, 바닥의 머리카락이나 먼지를 제거한다.

4 무인양품 스퀴지, 욕실에 두고 물기 제거용으로 수시로 쓰고, 유리창 청소를 할 때도 이용한다.

5 걸레는 마른걸레와 젖은 걸레 두 가지로 구분해서 쓰고 있다.

SMEG

가족과 함께하는
미니멀 라이프

남편은 '타고난 미니멀리스트'라 해도 과언이 아닌 사람입니다. 연애 당시만 해도 맥시멀리스트에 가까웠던 제 눈에 매번 비슷한 옷을 입고, 여행을 가도 가벼운 배낭 하나면 충분하고, 집 안 살림살이도 단출한 남편이 놀라울 때가 많았습니다. 하지만 서로가 좀 성향이 다른가 보다 하고 여겼을 뿐 남편이 미니멀리스트라는 생각은 하지 못했습니다.

한 번도 제 소비를 말리거나 의견을 달지 않았기 때문이지요. 비슷한 색의 화장품이나 옷을 계속 사는 것을 보고 의아했을 수도 있는데, '이 색이 예쁘다' 하는 정도의 말만 해주었습니다. 남편은 미니멀 라이프는 본인과 잘 맞을 뿐 연인이라 해도 절대 강요하면 안 된다고 생각하는 사람이었습니다.

만약 남편이 제 소비를 나무라는 투로 말했거나 엉망인 제 방을 조금이라도 지적했다면 속 좁은 저는 미니멀 라이프에 반감을 품었을지도 모릅니다.

미니멀 라이프를 시작하게 된 데는 타인의 삶을 존중하는 남편의 태도에 호감을 느낀 덕분도 있는 것 같습니다. 하지만 남편과 제가 함께 미니멀 라이프를 지향한다고 해도 모든 결이 완전히 일치하지는 않습니다. 그때마다 함께 정한 원칙을 떠올립니다.

상대방의 물건은 절대 함부로 비우지 않는다.

비움을 결정하는 권한은 오로지 당사자에게만 있다고 생각합니다. 아무리 가족이라 해도 가족의 물건을 상의 없이 비우거나, 비우라 강권하는 건 경계합니다. 백 명의 미니멀리스트가 있다면 백 가지 미니멀 라이프가 존재한다는 말이 있듯, 삶의 지향점은 모두가 다를 테니까요. 하물며 나의 미니멀 라이프를 타인에게 강요하는 건 오히려 거부감을 일으킬 수 있습니다.

비움의 포인트도 물건에서 얻는 에너지도 각자 다를 수밖에 없습니다. 예를 들어 제 눈엔 사용이 뜸한 남편의 운동기구가 비워야 할 물건이라 여겨진다면, 남편은 제 옷장 속 안 입는 옷을 비움의 대상으로 판단할지도 모릅니다. 타인의 눈엔 비우는 게 나아 보일지라도 소유자에겐 희망이 되고 기쁨이 되는 물건도 많은 법이지요.

그렇기에 타인의 물건에 대해 내 비움의 잣대를 들이대는 건 교만이라 여기며, 가족을 비롯해 그 누구에게도 비움을 강요하지 않는 마음가짐을 가지려 합니다. 그러한 기본 규칙에서 가족과 함께하는 미니멀 라이프가 평화롭게 시작되는 거라 믿습니다.

다만 공용공간에 개인의 물건이 과하게 자리를 차지할 때는 의논하에 비움을 실천합니다. 가족 모두가 지내는 거실에 개인의 물건이 터무니없이 늘어나 자리를 차지한다면 그건 상의가 필요하겠지요. 생필품 같은 공용물건의 소비나 보관도 가족과 상의하에 모두가 불편함 없는 리듬을 만들어나가도록 합니다. 너무 많이 쌓여서 질서가 무너지거나, 극소량만 보관해 가족이 불편을 느끼지 않도록 말이지요. 물건마다 보관 가능한 공간, 소비 가능한 범위, 소진속도는 어느 정도인가를 가족과 함께 체크하고 조절해야 미니멀 라이프도 원활하게 지속할 수 있겠지요.

집의 물건을 비운다는 것에만 포인트를 두지 않고 집의 질서를 잡아나가는 방향으로 목표를 잡으면 가족들에게도 좋은 영향을 줄 수 있지요. 이를테면 '분리수거 제날짜에 하기', '물건 사용 후 제자리에 두기'처럼 구체적인 룰을 정해서 공유하면 각자 책임감을 느끼고 임할 수 있겠지요.

■■
■■

가족과 함께하는 미니멀 라이프를 꿈꿉니다.

하지만 그 전에 나의 미니멀 라이프를 내세워

가족이 아끼는 물건을 하찮게 여기지 않기를 바랍니다.

나의 미니멀 라이프가 존중받기 원하듯 가족의 라이프를 존중하기를요.

집의 질서는 가족과 함께 만들어나가기를 바랍니다.

각자가 생각하는 비움과 채움의 포인트가 다름을 인정하고 배려하기를요.

가족 모두가 행복하고 평안한 미니멀 라이프는

존중과 배려에서 시작될 테니까요.

smeg
TOMATO KETCHUP
굿밀크

작은 냉장고로 살기

"생각해보셨어요? 냉장고가 유일합니다. 24시간 꺼지지 않는 살림살이는."
-책 ≪미니멀 키친≫ 중-

신혼살림을 장만할 때 에어컨, 소파, TV는 살면서 필요하게 되면 천천히 구매하자는 마음으로 미뤘습니다. 하지만 냉장고는 꼭 필요한 가전이기에 오래전부터 가지고 싶던 모델로 신중하게 선택했습니다.

좋은 가르침을 주신 은사님이 계시는데, 댁에 찾아뵐 때마다 예쁜 주방에서 맛있는 음식을 만들어주셨습니다. 그때의 기억이 너무 따뜻해서 나중에 결혼하게 되면 은사님과 같은 냉장고를 사고 싶다는 로망을 품게 되었지요.

냉동실이 크지 않은 256리터 용량의 냉장고를 산다고 하니 이런저런 걱정 어린 말을 듣기도 했습니다. '냉장고는 처음부터 큰 사이즈를 사는 게 좋다',

‘김치냉장고는 꼭 따로 있어야 한다’ 등 애정 어린 우려 속에서 우리는 작은 냉장고를 택했습니다.

예전에 혼자 살 때는 주로 대형마트에서 한꺼번에 장을 봤는데, 다 먹지도 못하는 식자재가 커다란 냉장고를 가득 채우고 있었습니다. 핫딜이나 1+1 세일을 보면 신이 나서 사기 바빴지 막상 요리하는 데는 게을렀습니다. 냉장고에 넣어두면 언젠가는 먹겠지 하고 쌓아두다 상해서 버리기 일쑤였지요.

미니멀 라이프를 시작하고부터는 냉장고를 보는 마음도 달라졌습니다. 냉장고는 수납장이 아니라 건강을 위해 식자재를 신선하게 보관하는 곳이라고요. 우리 가족은 현재 부부 두 사람. 남편이 회사에 가면 평일 점심은 주로 혼자 먹고 주말에만 삼시 세끼를 같이 먹는 리듬입니다. 굳이 큰 냉장고가 없어도 이 정도면 우리에게 적당한 크기라는 생각이 들더군요.

냉장고가 작아지면서 더 신경 써야 할 부분도 물론 있지만, 그 긴장감이 좋은 습관으로 자리 잡게 된 긍정적인 효과가 더 큽니다. 우선 냉장고가 작아지면서 식비가 줄었습니다. 예전엔 큰 냉장고에 식재료가 가득한데도 잘 파악이 되지 않다 보니 먹을 게 없다고 생각하고 외식이나 배달 음식을 즐겨 찾았습니다. 이미 있는 식자재를 다시 사는 경우도 많았고요. 지금은 무엇이 있는지 한눈에 파악되니 다음 장보기에 앞서 있는 재료를 소진하려고 합니다.

보통 일주일 치 장을 한 번에 보는데, 가기 전에 한 주의 식단을 미리 계획합니다. 장을 볼 때도 천 가방이나 통을 들고 가서 일회용 쓰레기를 최소화하고, 이미 비닐이나 플라스틱에 담긴 식자재를 구매한 경우에는 포장을 분리하고

면 주머니나 법랑, 유리 용기에 담아 냉장고에 넣습니다.

식자재는 한눈에 파악할 수 있도록 느슨하게 자리를 정해둡니다. 냉동실엔 얼음과 만두, 고춧가루와 들깻가루, 육수용 멸치를 넣고 두 번째 칸은 와인과 유제품, 냉장실 상단엔 빨리 먹어야 하는 고기와 반찬, 유통기한이 짧은 채소를 보관합니다. 세 번째 칸은 김치류, 네 번째 칸은 된장과 고추장, 파스타 소스 등을 보관합니다. 맨 아래 채소칸에는 어느 정도 보관이 가능한 채소와 과일을 넣습니다. 냄비째 보관할 음식이나 금방 먹을 음식들을 고민 없이 넣어 둘 수 있도록 냉장실에는 항상 약간의 여백을 유지하려고 합니다.

냉장고의 목적은 신선한 재료를 공급하는 데 있다는 사실을 잊지 않으려 합니다. 한국 가정의 냉장고 보급률이 100%를 넘으면서 한국인 위암 사망률이 낮아졌다고 합니다. 냉장고 덕분에 채소와 과일을 신선하게 보관하게 되면서 맵고 짠 절임 음식 위주의 식단이 균형을 찾을 수 있었던 것이지요. 냉장고의 본래 목적에 맞도록 제철 재료를 우선으로 장바구니에 담고 싱싱한 채소 샐러드는 떨어지지 않게 합니다.

또 가능한 자투리까지 알뜰하게 사용하려고 합니다. 자투리 채소는 국물을 우려내거나 카레를 만들고 과일과 함께 믹서기에 갈아서 주스로 마시기도 합니다. 버섯, 무, 옥수수, 브로콜리 등 애매한 양이 남은 재료는 냄비 밥에 넣으면 별미가 되어줍니다. 쓰임새가 많은 대파는 심어서 기르고 있지요. 음식물 쓰레기를 만들지 않는 노력은 지구와 우리 집 냉장고, 그리고 우리 가족의 건강까지 지켜줍니다.

냉장고는 24시간 돌아가는 가전인 만큼 에너지 효율을 고려한다. 전력 사용 면에서 냉장실은 60~70% 정도만 채우고, 냉동실은 가득 채워주는 것이 효율적이다.

1~2달에 한 번씩 냉장고에 들어있는 식재료를 모두 꺼내고 레몬과 소주를 1:1로 섞어서 3일간 숙성시킨 레몬 소주를 사용해 구석구석 닦는다. 커피를 마시고 남은 원두 가루를 건조시켜 냉장고에 두거나 소주병 뚜껑을 열어두면 탈취 효과가 있다.

물론 작은 냉장고엔 장점만 존재하는 건 아니랍니다. 일단 우리 집 냉장고엔 아이스크림 케이크가 안 들어갑니다. 종종 좋은 가격에 냉동식품을 만나도 미련 없이 포기해야 하지요. 아무래도 김치류의 냄새는 김치냉장고만큼 잡아주지 못하는 아쉬움도 있답니다. 미니멀 라이프라고 무조건 작은 냉장고가 정답이라고 생각하지는 않습니다. 크든 작든 냉장고를 잘 관리해서 쓰레기를 최소화하고 건강한 식탁을 만드는 것이 중요하니까요.

식자재는 가능하면 플라스틱이나 비닐 포장을 제거하고 면 주머니나 밀폐 용기에 넣어 냉장고에 보관한다. 면 주머니는 공기가 잘 통해 한결 신선한 상태로 유지해준다.

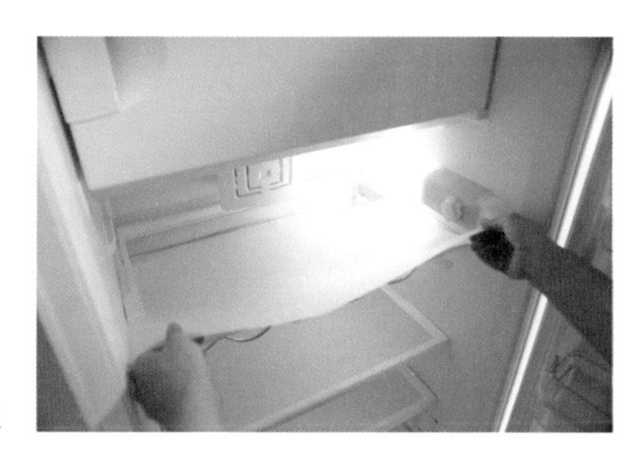

오염방지를 위해 냉장고 바닥에 매트를 깐다.

파 뿌리는 흙을 잘 제거해 말려서 국물 우려내는 재료로 쓰면 풍미가 좋다.

브로콜리, 파프리카, 버섯, 무, 옥수수 등 요리하기 애매하게 남는 자투리 채소는 냄비 밥을 지을 때 함께 넣으면 별미가 되어준다.

장을 볼 때는 제철 재료를 눈여겨보고 싱싱한 샐러드용 채소는 떨어지지 않게 한다.

SMEG

매일매일
성실하게 비우는
미니멀 라이프이길 바랍니다

매일 비운다는 건 단순히 물건만 뜻하는 것이 아닙니다. 사소하게 치부해 미루는 건강치 못한 습관을 개선하기 위한 제 나름의 노력이랍니다.

메일함을 매일 비웁니다. 스팸메일을 부지런히 차단해도 메일함에는 정기적으로 스팸이 날아와 쌓입니다. 클릭 몇 번만 하면 삭제가 되지만 며칠만 방치해도 금세 포화 상태가 됩니다. 매일 미루지 않고 비울 건 비우고 중요한 메일은 보관함으로 옮겨서 메일함을 가볍게 유지하면 필요한 메일을 찾아보기에 편합니다. 이메일을 10%만 비워도 탄소 발생을 줄여주어 환경에도 좋다고 합니다.

핸드폰의 사진첩을 매일 비웁니다. 요즘에는 스마트폰 촬영으로 메모를 대신하기도 하고 캡처 기능으로 정보도 저장합니다. 일상에서 간직하고픈 순간도 촬영하다 보면, 어느새 사진첩 속 사진 수가 기하급수적으로 늘어납니다. 너무 많은 사진은 핸드폰 용량 면에서나 관리 면에서나 비효율적입니다. 마치 정보의 바다인 인터넷 속에서 정작 내가 필요한 정보는 찾기 힘든 것처럼요.

나중에 쓸모 있을 것 같은 이런저런 정보를 핸드폰 사진첩에 저장해두지만, 용량만 차지하다 효용 가치가 없어지기 일쑤입니다. 또 정작 사진을 찍고 싶을 때 핸드폰 용량이 부족해 우왕좌왕하기도 합니다. 그래서 활용이 끝난 사진이나 비슷비슷한 일상 사진들도 매일 틈이 날 때 삭제하거나 외장하드나 드라이브 같은 다른 저장 공간에 옮기고 있습니다. 아울러 정보 관리를 너무 핸드폰에만 의지하지 않고 수첩에 기록해두는 고전적인 방식도 병행하는 습관을 들이려 합니다. 혹시 핸드폰이 고장 나거나 분실했을 때 일상이 마비되는 당황스러운 일은 없도록요.

사소한 물건도 기증할 수 있다면 바로 비우려고 합니다. 연필 몇 자루, 마우스 패드 한 개처럼 의도치 않게 늘어난 물건이 있습니다. 멀쩡한 물건이라 버리지 못하고 서랍에 넣어두면 언제 빛을 볼지 기약이 없습니다. 공간을 크게 차지하지 않는다고 해도 나에게 필요 없는 물건이라면 되도록 빨리 중고 거래나 기증으로 비우려 합니다. 물건이 컨디션이 좋고 유행이 지나지 않을 때 선순환해야 인연을 찾기 좋은 법이니까요. 선순환을 도와주는 아름다운 가게 같은 기증처에서는 다양한 품목을 받아준답니다.

영수증과 서류도 그때그때 비웁니다. 과거에는 지갑에 영수증들이 가득했고, 병원비 보험청구도 차일피일 미루다 나중에 한꺼번에 처리하느라 애를 먹었습니다. 지금은 가능하면 모바일 영수증으로 받고, 보험청구할 서류는 받자마자 촬영해 모바일 앱으로 보험료를 접수하고 청구금액이 입금되면 관련 서류는 바로 비웁니다. 서류들이 쌓여있으면 중요한 서류를 분실해 난감해지는 경우도 생기고, 5분이면 끝났을 일이 제때를 놓쳐 고단한 업무로 돌변하거나 큰 손해로 돌아오기도 합니다. 이젠 집에 '나중에 해야지' 하는 분류로 쌓인 종이 뭉치가 없도록 노력합니다.

지극히 당연한 실천인지도 모르겠지만 뒤늦게 미니멀 라이프를 만난 제게는 이런 변화들이 참 소중합니다. 또 미니멀 라이프의 균열이 사소한 물건의 방치로 시작되는 것처럼, 일상의 리듬도 사소한 행동으로 무너질 수 있기에 제 나름의 선을 지키려고 합니다. 마치 미뤄둔 설거지가 개수대에 그득하게 쌓인 것을 보면 한숨이 나오고 귀찮아져, 배달 음식으로 끼니를 때우고 어느새 일회용품 쓰레기가 가득 쌓이는 것처럼요.

앞으로도 매일매일 성실하게 비우는 미니멀 라이프를 해나가길 바랍니다. 이런 경험들이 차곡차곡 쌓이다 보면 긴장의 끈을 좀 느슨하게 하더라도 단단하게 쌓인 습관이 일상의 리듬을 자연스레 만들어나가는 날이 오겠지요.

물욕과 나태함의 가지치기, 옷과 화장품 비우기

미니멀 라이프를 시도하는 사람들에게 비움이란 어려운 숙제이자 뿌듯한 보람을 주는 일이기도 합니다. 무엇을 얼마나 많이 비우는가도 중요하겠지만, 비울수록 어떻게 비울까 하는 고민이 동반됩니다. 가능하면 환경에 부담을 덜어주면서 선순환이 될 수 있다면 가장 좋은 일이겠지요.

비울 것을 찾지 말고 입는 옷을 찾기

제 경우에 미니멀 라이프를 하면서 가장 비우기 어려운 품목은 옷이랍니다. 미련이 남아 쉽게 놓지 못하는 물건이죠. 큰맘 먹고 옷장 속의 옷들을 모두 거실로 꺼냈지만 막상 비울 옷을 찾지 못해 옷 주변만 맴돌다 항상 이성적인 조언을 해주는 남편에게 "여기서 뭘 비울까?"라고 물었습니다.

"비울 옷을 찾지 말고, 입는 옷을 찾으면 어떨까?"

남편의 대답에 정신이 번쩍 들며 고개가 끄덕여집니다. 비울 옷을 찾는다는 명목으로 옷을 살피면 '나중에 입을 텐데…', '이 옷은 비우기엔 아까운데…' 하는 핑곗거리가 하나씩 생겨 옷장으로 다시 들어가기 일쑤였습니다. 그래서 몇 년 동안 입지 않은 채 자리만 차지하고 있는 옷이 꽤 있습니다.

하지만 비울 옷이 아닌 입는 옷을 택해서 남긴다면 선별 관점이 달라질 수 있을 것 같습니다. 덜어내는 데는 주저함이 생기지만, 내가 정말 입는 옷은 확신을 가지고 고를 수 있으니까요.

옷을 모두 꺼낸 김에 미닫이장 내부와 옷방 청소를 하고 정말 입는 옷만 골라내니 자연스레 안 입는 옷들이 남겨집니다. 이 옷들은 기증과 나눔으로 선순환시킵니다. 얼룩, 보풀, 손상이 심한 옷은 H&M 매장에 있는 업사이클링 수거함에 넣습니다. 컨디션은 좋으나 안 입는 옷은 아름다운 가게와 옷캔에 기증합니다. 잘 입지 않는 남편의 정장은 취업 준비생들에게 저렴한 가격으로 정장을 대여해주는 열린옷장에 보냅니다.

한바탕 비움을 했지만 옷장에 당장 입는 옷만 남겨진 건 아닙니다. 미련을 놓지 못한 옷 몇 벌은 여전히 남아있습니다. 그렇지만 이번에 용기를 내고 기분 좋은 선순환으로 많이 덜어내어 흐뭇합니다. 앞으로도 옷 정리정돈을 할 때 남편이 해준 말을 기억할까 합니다. 비울 옷을 찾지 말고, 입는 옷을 찾는다는 것을요.

버릴 옷을 찾기보다는 정말 입는 옷만 남긴다는 기준으로 옷을 선별하면 정리가 좀 더 수월하다.

안 입는 정장은 열린옷장에 기부했다. 열린옷장은 정장을 기증받아 취약계층 대학생, 취준생에게 대여 서비스로 공유를 하는 곳이다. 열린옷장 홈페이지를 통해 신청서를 작성하면 기증용 상자를 받을 수 있다.

화장품 가지치기 ○

회사 생활을 할 때는 업무 특성상 화장품을 협찬받는 일도 자주 있었고, 화장품 자체를 좋아해 신상품 쇼핑을 즐기다 보니 화장대 위가 물건으로 넘쳐났습니다. 화장품에 유통기한이 있다는 걸 머리로는 알고 있어도 주기적으로 사용 기간을 확인해 정리하는 습관을 들이지는 못했습니다.

비우기에 한참 몰두하면서 사용하는 화장품만 적정량을 남기고 모두 정리했습니다. 하지만 화장품은 조금만 방심하면 늘어나 버리기 쉬운 품목이라 가지치기하듯 정기적으로 솎아냅니다. 정리를 위해 화장품을 한자리에 모아보면 그 양이 상당합니다. 따로 떨어져 있을 때는 이 정도일 줄 몰랐는데, 왜 이렇게나 늘어버렸을까 되돌아봅니다.

집에 머무는 시간이 많아지고 메이크업을 하는 날은 현저하게 줄었는데 사고 싶은 욕구는 그에 맞게 줄이지 못했기 때문입니다. 마치 식사 횟수나 가족 수는 줄었는데 식자재를 계속 사들여 냉장고에서 썩히는 것과 다를 바가 없습니다. 이렇게 화장품을 가지치기하듯 정기적으로 솎아내는 시간은 여전히 내 안에 남아있는 과한 물욕과 나태함을 마주하는 시간입니다.

물론 꼭 필요한 제품만 구입하고 알뜰하게 사용해서 쓰레기를 최소화하는 것이 우선이겠지만, 비우는 방법에도 관심을 기울이게 되었습니다. 화장품을 살 때 컬러와 패키지 디자인 외에도 재활용 마크와 재활용 수거 시스템을 확인합니다. 맥에서는 다 사용한 공병 여섯 개를 모아서 매장에 가져가면 립스틱으로 교환해주는 '백투맥 프로그램'을 진행하고 있습니다. 이니스프리에서는 매장에 공병을 가져가면 포인트를 적립해줍니다.

이처럼 요즘에는 많은 뷰티 브랜드들이 환경에 관심을 두고 공병 수거 캠페인을 하고 있습니다. 화장품이 사람에게 아름다움과 건강의 동반자가 되는 것처럼 공병 수거 캠페인과 리사이클링 확대로 환경에도 건강한 동반자가 되어주길 소망합니다.

러쉬에서는 불필요한 포장재 사용을 자제하고 재활용 플라스틱으로 용기를 만든다. 마스크나 크림을 담는 '블랙팟' 용기를 사용 후 다섯 개 모아가면 마스크를 증정한다.

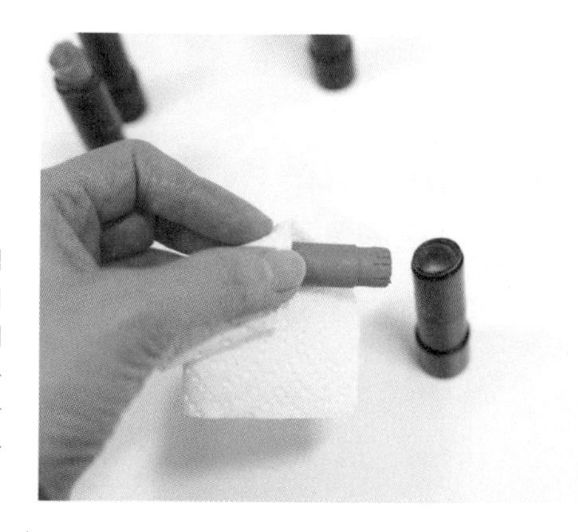

립스틱은 입술에 닿을 때마다 묻는 침과 공기 중 먼지 등으로 세균증식이 쉬워 개봉 후 1년이 넘으면 위생을 위해서 비우는 게 좋다. 플라스틱 재활용 마크가 있는 립스틱의 경우에는 재활용이 가능하다. 냉동실에 두 시간 이상 얼리면 용기와 쉽게 분리할 수 있다.

옷 비우기에 도움을 주는 곳

개인적인 경험을 바탕으로 옷을 잘 비우게 도와주는 업체 베스트 6곳을 기록해봅니다. 기관마다 기부받는 품목과 방법에 차이가 있어 내 상황에 맞게 활용하면 입지 않는 옷도 비우고 선순환으로 환경에 부담을 덜 수 있답니다(2021년 2월 기준, 추후 변동될 수 있음).

° 사단법인 여성인권동감

미혼모, 한 부모, 조손 가족을 돕기 위한 목적으로 아기용품, 육아용품, 여성용품, 생필품을 받는다. 반드시 새 제품이 아니어도 컨디션이 양호한 중고제품도 가능하기에 깨끗한 자녀 옷이나 여성복을 기증할 수 있고, 물티슈 같은 생필품도 함께 기부가 가능하다.

기부 방법: 기부 물품을 포장한 후 여성인권동감 주소로 선불 택배로 발송하면 된다(오프라인 방문 불가). 기부금 영수증을 원할 경우 보낼 때 이름, 핸드폰 번호, 이메일 주소를 적어 동봉한다.
유의사항: 성인 남성복은 제외이며 한여름에 겨울 패딩처럼 계절과 너무 상반되는 옷은 기부를 받지 않을 때도 있다.
주소: 인천광역시 연수구 한나루 71 203호 여성인권동감 | **문의 전화:** 032) 221-0081

° 아름다운 가게

옷에 얼룩이나 보풀이 있다든가 하는 상식적인 기준을 벗어나지 않는 컨디션 양호한 옷이라면 브랜드나 계절에 상관없이 모두 매입 가능하다. 수량 제한이 없고 매입 조건도 까다롭지 않은 데다 기부금 처리도 할 수 있어 비울 옷의 양이 많다면 아름다운 가게를 추천한다.

기부 방법: 전국에 지점이 있어 직접 찾아가 기부 신청을 하거나 택배로 발송하면 된다.
유의사항: 교복, 도복, 단복, 군복은 안 됨. 특정 로고 박힌 단체복은 접수가 되지 않는다. 착용했던 속옷 및 내의류, 잠옷, 레깅스, 양말, 수영복도 마찬가지.
사이트: www.beautifulstore.org

° H&M

H&M은 의류 수거 프로젝트를 전 세계 모든 지점에서 실시 중으로 매장에 수거함이 설치되어 있다. 옷뿐 아니라 천이라면 보풀이 심하거나 오염이 있는 옷, 구멍 난 양말까지도 수거 가능하다. 의류 한 봉지당 5천 원 할인 바우처(4만 원 이상 구매 시)를 받을 수 있다.

사이트: www.hm.com

° 옷캔

기부 물품으로 국내외 소외계층에 도움을 주는 곳. 신생아를 포함해 남녀노소 의류, 모자, 가방 등의 기부가 가능하다. 어린이집 가방이나 수건, 작은 인형과 담요 등 육아용품 비울 곳을 찾고 있다면 옷캔이 제격이다.

기부 방법: 온라인으로 신청서 작성 후 우체국 5호 박스 또는 1박스 15kg 이하로 포장해 물품을 발송.
유의사항: 오염이 심하고 훼손된 의류는 당연히 수거 불가하고, 한복, 무술복 같은 특수복도 제외.
사이트: otcan.org

° 열린옷장

열린옷장은 정장을 기증받아 취약계층 대학생, 취준생에게 대여 서비스로 공유를 하는 곳이다. 남녀정장이 메인이며 정장과 함께 어울릴 블라우스, 셔츠, 구두와 벨트, 넥타이도 취급한다. 내가 기증한 정장을 대여한 이들은 자발적으로 편지를 남길 수 있고 기부자는 편지 열람이 가능하다. 실제로 남편의 정장을 입고 면접에 합격했다는 감사 후기를 읽고 큰 감동을 받았다. 모든 수익은 도움이 필요한 이웃을 위한 다양한 사업에 쓰인다.

기부 방법: 열린옷장 홈페이지를 통해 신청서를 작성하면 기증용 상자를 받을 수 있다. 정장을 넣어 발송하면 열린옷장에서 세탁과 수선을 거쳐 등록한다.
유의사항: 컨디션이 좋은 정장이라 해도 요즘 유행에 너무 맞지 않으면 기부가 어려울 수 있으니 사전에 문의하면 좋다.
사이트: theopencloset.net

° 클로젯셰어

'국내 유일 패션 공유 플랫폼'이란 슬로건을 내세우고 옷과 가방을 빌려주는 업체이다. 안 입는 옷으로 온라인상에 나만의 중고 의류숍을 만들어 대여할 수 있다. 내 옷장에서 물리적으로 비우지만 수익도 내고 인연도 유지하고 싶다면 유용하다.

기부 방법: 제품 사진을 찍어 카카오톡으로 전송해 셰어링 가능 여부를 문의하거나, 셰어링 봉투를 신청해 배송비 무료로 보낼 수 있다. 제품이 통과되면 '내 옷장 수익 내기'라는 메뉴가 만들어진다.
유의사항: 10만 원 이상의 클로젯셰어에서 정한 브랜드 의상으로 의류는 4년, 가방은 7년(프리미엄 제품은 예외) 이내 구매한 제품만 접수 가능.
사이트: www.closetshare.com

소신 있는 절연

방송인 김숙 씨가 방송에서 '자신만의 삶의 기준을 만들어라'라는 주제로 강연을 하는 것을 보게 되었습니다. 김숙 씨는 어릴 때부터 흔히 들어온 말, "모든 친구들이랑 다 사이좋게 지내야 한다"라는 말에 반문합니다.

"세상에 인구가 무려 60억인데 굳이 왜"라고 말입니다. 누구도 모든 사람들과 완벽한 사이로 지낼 수는 없다는 겁니다. 사이좋게 지내는 데 집착해 다른 이들의 감정에 맞추려다 보면 솔직한 감정은 애써 숨기게 되고, 건강한 관계로 갈 수 없다는 거겠죠. 김숙 씨는 자기에게 안 맞는 사람과는 진지하게 절연을 추천한다고 합니다. 또한 남들이 정한 기준으로 살면 불행해질 수밖에 없기에 행복해지기 위해서는 '소신 있는 거부'가 꼭 필요하다 덧붙입니다.

이 강연을 들으며 지나치게 인맥에 욕심을 냈던 과거의 제 모습이 떠올랐습니다. 당시 저는 '많은 이들에게 사랑을 받고 싶다'는 욕망과 더불어 '누구에게도 미움받고 싶지 않다'는 두려움을 안고 살았습니다.

단골 매장 사장님께서 권해주시는 물건이면, 안 사도 쿨하게 응대해주실 텐데도 혹여 사이가 불편해질까 싶어 필요도 없는 물건을 구매했지요. 능력이 안 되는 일임에도 부탁을 거절하지 못한 것도 혹여 관계에 균열이 갈까 걱정했기 때문입니다. 또한 다른 이들로부터 거절의 말을 들으면 무턱대고 서운해하고, 그 사람을 원망하는 철부지이기도 했습니다. 나 자신도 세상 모든 사람을 품을 수 없고, 다른 이들도 나와 친하게 지내지 않을 권리가 있는데 말이죠.

사이좋게 지내지 않는 게 그 사람을 미워하거나 멀리하고 싶다는 의미가 아님을 이제는 깨달았습니다. 어설프게 타인과 가까워지려다 괜한 실례와 오해만 생길까 조심스러운 것입니다. 허울뿐인 사이좋음보다는 타인을 존중하며 적당한 거리감을 유지하는 것이 우선이겠지요. 무엇보다 타인과의 관계 이전에 내 삶에 에너지를 집중해야 하는데, 그 에너지의 양은 무한대가 아니기에 조절이 필요합니다.

아울러 물건과도 소신 있는 절연이 필요하다는 생각이 따라왔습니다. 세상에 모든 물건을 가질 수 있다 한들 그 모든 물건과 사이좋게 지낼 자신도 품을 능력도 없습니다. 아무리 훌륭한 물건들이라 해도 내 삶에 부담이 된다면 용기 있는 절연이 더 값지다는 것을 배워갑니다. "이렇게 좋은 물건인데 왜 안 사니?"라는 말은 "왜 모든 사람들과 사이좋게 안 지내니?"와 다를 바가 없습니다. 그 물건이 문제가 아니라 지나친 소유로 인해 내 인생이 버거워지기 때문입니다.

좋은 사람이 되어야 한다는 강박과 좋은 물건을 많이 가져야 한다는 콤플렉스 모두 차츰 비워 나가야 함을 느낍니다. 좋은 사람에게 최선을 다하고 내가 가진 것을 누리기에도 인생은 짧기 때문입니다.

집도 물건도 사람도 어떤 관계든

여백 즉, 적당한 거리감이 필요하단 생각이 듭니다.

집에 적절한 여백이 생기면

찬란한 햇빛이 빈자리를 채웁니다.

물건들 사이에 여백이 생기면

하나하나 존재감이 분명해집니다.

사람들과의 인연도 여백이 생기면

서로 정중한 마음으로 대합니다.

때로는 나 자신과도 적절한 거리감을 두고 살펴야

내 마음이 잘 보일 때가 있습니다.

내게 있어 미니멀 라이프는 다정한 거리감을

가르쳐준 고마운 여백입니다.

건강한 결핍 끝에
만나는
확신 있는 채움

흔히 결혼을 인생 최대의 쇼핑 기회라고 합니다. 신혼집 살림을 하나씩 채워 넣는 일은 신나는 일이지요. 하지만 신혼집에 입주하기 전 물건을 비우는 일의 어려움을 겪고 나니 필요한 물건이 있으면 그때 사는 것도 늦지 않다는 생각에 꽤 많은 살림을 보류 카테고리에 넣었습니다. 그 물건 중에 다리미와 빨래 건조대가 있습니다.

우리 부부는 대체로 캐주얼하게 옷을 입어서 다림질을 잘 하지 않고, 전기 건조기가 있으니 건조대가 없어도 괜찮을 거라 여겼지요. 하지만 가끔 다림질이 필요한 옷이 생기면 난감했고, 전기 건조기가 있다고 해도 손빨래를 하거나 소량만 세탁할 때는 '건조대에 널어 햇빛에 말리면 좋을 텐데' 하는 아쉬움이 있었습니다. 그렇게 결핍을 경험하며 다리미와 건조대가 우리에게 필요한 물건이라는 확신을 갖게 되었고, 현재는 새로 영입된 다리미와 건조대가 제 역할을 톡톡히 해주고 있습니다.

하지만 더 일찍 들였다면 좋았을 거라는 후회는 없습니다. 다리미와 건조기가 없이 지냈던 경험도 제게는 귀하기 때문입니다. 그 시간이 없었다면 다리미와 건조대의 소중함을 몰랐을 게 분명하니 '건강한 결핍'을 먼저 체험할 수 있어 다행입니다.

다리미와 건조대처럼 건강한 결핍 끝에 확실한 채움이 된 존재가 있는 반면 아직은 없어도 괜찮다는 판단으로 인연을 미루고 있는 물건도 있습니다. 단순히 무엇을 비우고 채우냐가 중요한 게 아니라 소유 이전에 물건과 자신의 관계를 정립하는 과정이 선행된다면 후회가 남지 않을 겁니다. 앞으로도 새로운 물건을 들이기 전 당장 아쉽더라도 섣불리 판단하지 않고 건강한 결핍을 기꺼이 경험해보려고 합니다.

약간의 갈증을 느낀 뒤에 마시는 물이 다디단 것처럼 그 물건에 대해 충분히 납득한 후에 들인다면 더욱 소중히 함께할 수 있기 때문입니다. 그런 의미로 건강한 결핍 끝에 만난 우리 집 다리미와 건조대는 그 어느 물건보다 위풍당당해 보입니다. 확실한 판단으로 선택한 존재니까요.

돌이켜보면 신혼집에 입주하기 전 미니멀 라이프를 알게 된 건 참 행운이었단 생각이 듭니다. 비움의 어려움을 몸소 느낀 후였기에 채우는 것에 숨을 고르고 신중하게 임할 수 있었으니까요.

고심 끝에 신중히 인연을 맺은 우리 집 물건을 하나하나를 둘러봅니다. 다리미와 건조대 외에도 보온병, 냄비, 문구류 등 모두 제 쓸모를 다해주고 있습니다. 꼭 필요한 물건만 귀하게 여기며 살면 물건은 더 반짝반짝 빛이 나고 공간도 자연스레 정갈해짐을 느낍니다.

삶과 관계에 있어서 욕심이 불쑥 난다 해도 갈등을 불러일으킨다면 기꺼이 단념하는 법을 배우게 됩니다. 절제한 후에 내게 무엇이 꼭 필요한지 뚜렷해지고 당연하다고 여겼던 존재를 진심으로 아끼고 감사할 수 있게 되었습니다.

꼭 필요한 물건만 아끼며 살고 싶다는 것. 그건 어쩌면 사사로운 것에 휘둘리지 않고 나로 살고 싶다는 바람일 겁니다.

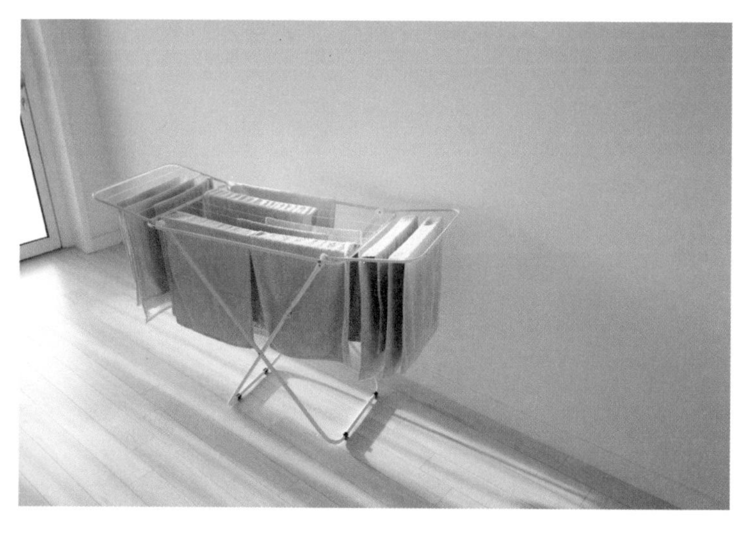

건조한 겨울에는 가습기 대신 건조대에 수건 등 빨래를 널고 거실에 두어 실내 습도 조절에 도움을 받는다.

물건을 선택하는 열 가지 기준

신혼살림을 장만할 때 주변에서 권유해주시는 물건이 많았습니다. 김치냉장고, 스타일러, 4도어 냉장고, 소파와 TV, 그릇 세트와 교자상…. 그런데 이 물건들의 공통점이 있었습니다. 나중에 아이 낳으면 필요할 거야, 나중에 손님들 오시면 필요할 거야, 나중에 큰 집으로 이사하면 필요할 거야, 그러니 미리 사두면 좋다고요. 다 새겨들을 말씀이지만, 당장 구매하지는 않았습니다. 왜냐하면 '나중에' 쓴다는 이유로 너무 많은 물건을 샀다가 끝내는 비운 전력이 있으니까요.

이제는 '나중'이 아닌 '지금' 필요한 물건만 산다는 기준을 세웠습니다. '나중에 필요한 물건은 나중에 사도 괜찮다'는 느긋함으로요. 이후 5년이 지났지만 큰 집으로 이사를 가지도 않았고, 아이도 아직 없고, 많은 손님이 오는 일도 거의 없습니다.

‘지금 필요한 것만 곁에 둔다’고 생각하면 욕심이 잦아들고 자연스레 집이 가뿐해집니다. 막상 살아보면 지금 꼭 필요한 물건은 그다지 많지 않으니까요. 지금 필요한 것이 아니라면 사지 않기. 집을 창고로 만들지 않을 건강한 멈춤 버튼입니다.

결혼 후 살면서 필요에 의해 서서히 늘린 살림살이들은 마치 신을수록 편해지는 신발처럼 쓸수록 정이 갑니다. 큰맘 먹고 산 물건부터 몇천 원대까지, 가격대도 브랜드도 천차만별이지만 제 나름의 기준을 통과한 물건들입니다.

하나, 이 물건을 집에 놓을 여유 공간이나 수납장소가 있는지 살피기.

둘, 내 경제적 상황에 무리가 없는지 고려하기. 무이자 할부라 해도 할부는 빚이라는 생각으로 신중합니다.

셋, 관리는 내 몫임을 잊지 말고 책임질 수 있는 물건만 들이기. 예쁜 그릇이나 옷도 디테일이 복잡하거나 소재가 까다로워 관리할 자신이 없다면 한 번 더 생각합니다.

넷, 지속가능성이 있는 친환경, 다회용품을 택하기. 반영구적으로 사용할 수 있는 물건은 가계 절약에도 도움을 줍니다.

다섯, 꼭 필요한 물건이라는 확신이 있다면 열 개의 차선보단 하나의 최선을 택하기. 마음에 쏙 드는 물건이 가격이 비싸서 절약이란 이유로 차선의 물건을 사는 경우, 흡족하지 않아 방치만 하고 언젠가는 비우게 됩니다. 어정쩡한 절약보단 확실한 사치를 지향하고, 확실한 하나를 사서 아끼며 쓰는 것이 절약일 때도 있습니다.

여섯, 추후 이사나 비우는 상황을 고려하기. 살다 보면 물건을 줄여야 하는 순간을 마주할 수도 있으니까요. 그래서 중고 거래 등을 통해 선순환으로 비우기 용이한 물건인지, 이동할 때 큰 부담은 없는지를 염두에 둡니다. 가구처럼 사이즈가 큰 물건은 중고 거래가 어렵고 운송비도 많이 들기 때문에 더 심사숙고해야 하지요.

일곱, 자주 쓰지 않는 물건이라면 공유제품이나 대체품부터 살펴보기. 자동차는 현재는 자주 타지 않기에 필요할 때 카셰어링 서비스를 이용하고, 어쩌다 필요한 공구는 주민센터 생활용품 대여 서비스를 이용합니다. 간혹 손님들이 오시면 교자상과 그릇 세트를 유료로 대여할 수 있습니다. 예전엔 돈 주고 빌리는 게 아까웠는데, 집을 애정 어린 마음으로 살피니 일 년에 한두 번 쓸 물건에 공간과 신경을 빼앗기는 것이 더 낭비라는 생각이 듭니다.

여덟, 생활용품도 인테리어 소품을 고르듯 취향에 맞는 것을 고르기. 고무장갑, 칫솔, 수세미 같은 생활감 있는 물건도 디자인이나 컬러가 집 전체적인 분위기에 잘 어우러지는 것을 고르면 나와 있어도 거슬리지 않는답니다.

아홉, 수납용품은 더욱 신중하게 들이기. 수납은 어쩐지 정리라는 이미지와 연관되어 소비에 대한 면죄부를 주기 쉽습니다. 하지만 수납용품도 과하면 불필요한 짐이 됩니다. 수납용품이 필요하다 싶어지면 우선 비울 물건은 없는지 점검합니다. 그 후에 사도 늦지 않으니까요.

열, 물건의 소비와 소진 속도를 일정하게 맞추기. 소진 속도는 아주 느린 물건인데, 저렴하다는 이유로 폭주해서 들이면 집이 어느새 보관창고가 될 수 있고, 소비가 너무 늦어도 불편을 겪을 수 있으니까요. 소진과 소비의 때가 잘 맞으면 선입선출이 되어 물건도 제때에 건강하게 쓸 수 있죠.

평온하면서
청소하기 편한
'꼼수'의 색, 무채색

사실 제 취향은 무채색과 거리가 멀었습니다. 알록달록한 컬러를 선호하고 특히 핑크색에 집착에 가깝게 애정을 쏟아부었으니까요. 공간을 꾸밀 때도 좀 허전하다 싶어 자꾸만 색을 더하다 보니 집 안에 너무 많은 색이 존재감을 뽐내 요란하고 어수선해 보이기 일쑤였습니다.

미니멀리즘 인테리어로 '빼기의 미학'을 새롭게 알아가면서 색을 보는 관점에도 변화가 찾아왔습니다. 집의 벽지나 바닥 등 베이스가 되는 색부터 시작해 큰 살림살이들을 흰색 위주의 무채색으로 선택했고 소품들도 무채색이나 밝은 나무 소재로 들였습니다. 처음엔 좀 밋밋해 보이지 않을까 염려했는데, 살림살이를 적당히 꺼내두어도 색상이 비슷하다 보니 공간에 자연스럽게 스며들어 안정감 있게 어우러지는 장점이 더 큽니다. 덕분에 정리정돈에 약간의 꼼수를 부릴 수도 있거든요.

변덕이 심해서 싫증을 잘 느끼는 편인데 유행을 덜 타는 무채색은 질리지 않는 매력이 있습니다. 또한 무채색 살림살이는 컬러 테라피처럼 쉽게 요동치는 감정을 안정시켜주는 효과가 있습니다. 마치 인공적인 조미료가 들어가지 않아 맛은 슴슴하지만 몸에는 좋은 담백한 음식 같습니다.

무채색을 중심으로 통일하고부터 새로운 물건을 택할 때 선택의 고민이 한결 줄었습니다. 선택지가 넓을 때는 흐린 핑크와 진한 레드 사이에서 한없이 고민하며 시간을 낭비했는데 이제는 무채색 범위 안에서만 고르면 되니까요. 새로운 물건이 들어와도 마치 원래 있었던 것처럼 어색함이 없습니다.

집 안에 무심코 걸어두게 되는 행주나 수건도 되도록 흰색으로 통일했습니다. 때가 잘 묻을까 우려했는데, 종종 삶아주면 흰색만큼 위생적으로 관리가

편한 색이 없는 것 같습니다. 뜨거운 물로 폭폭 삶으면 누런색이 눈부신 흰색으로 돌아오는 것에 뿌듯함을 느끼곤 합니다.

물론 무채색만을 고집하는 것은 아닙니다. 무채색이란 큰 틀을 잡아 유지하는 것이지, 무조건 무채색으로 통일하려고 하면 또 다른 집착이 될지도 모릅니다. 우리 집에도 친정엄마가 선물로 주신 빨간색 티포트처럼 소중히 함께하는 원색의 물건이 여럿 있습니다. 그럼에도 채워지지 않는 원색에 대한 갈망은 음식이나 옷으로 대체하는 편입니다. 취향이 한결같은지라 옷을 고를 때 튀는 색상이나 패턴에 눈이 가고 강렬한 핫핑크에 손이 갑니다. 또 알록달록한 파프리카 몇 개만 들어와도 집 안이 환해지는 느낌입니다. 그래서인지 장을 볼 때 다채로운 컬러푸드를 즐겨 담게 되니 덕분에 우리 집 식단도 건강해지는 것 같습니다.

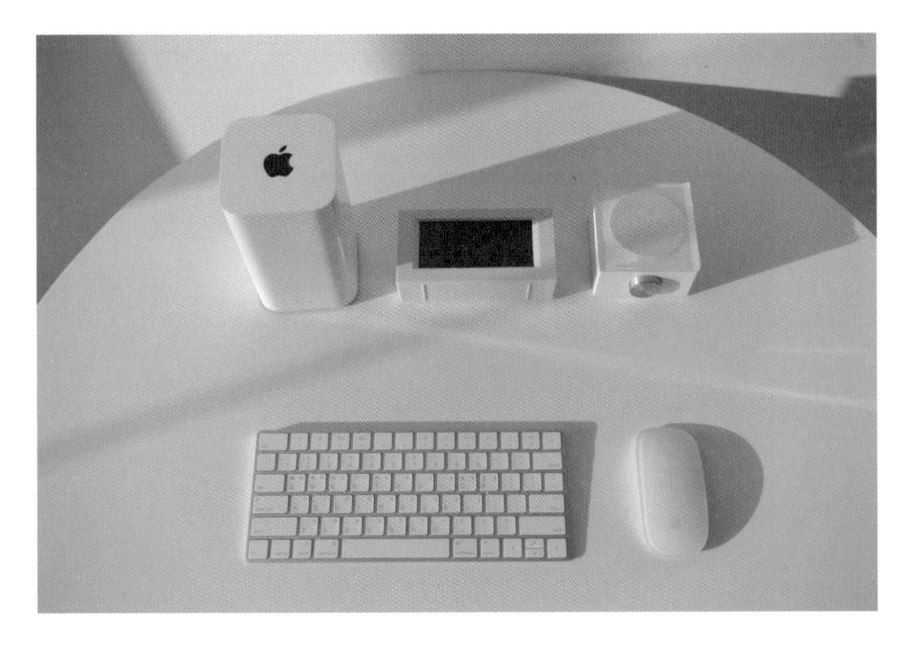

올려두지 않는다,
내려놓지 않는다

정리정돈을 위해 집에서 지키려고 하는 두 가지 원칙이 있습니다.

물건을 올려두지 않는다. 바닥에 내려놓지 않는다.

과거에는 책상, 식탁, 수납장, 침대 등 어디든 올려놓을 공간만 생기면 무턱대고 물건을 놓는 버릇 때문에 공간이 본래 목적을 상실하고 난장판이 되기 일쑤였지요. 책상 위에 컵이 하나둘 쌓이고 보지도 않는 책들로 뒤덮여 심란한 마음에 침대로 가면 아침에 옷을 고른답시고 패션쇼 하듯 입고 벗어둔 옷들이 산처럼 쌓여있었습니다. 미니멀 라이프를 하면서부터는 외부로 노출되는 물건을 최소화하고 물건의 자리를 정해 내부에 수납하고 있습니다.

양가 부모님이나 주변 살림 고수분들은 주방도구를 손에 잡기 편하게 바깥에 두고 생활해도 나름의 단단한 질서가 있기에 전혀 어지러워 보이지 않습니다. 그런데 나란 사람은 내공이 없는 탓에 외부에 물건이 하나둘 나오기 시작하면 그나마 연약하게 유지하던 질서가 단박에 흐트러집니다.

두 번째 규칙인 바닥에 내려놓지 않기도 비슷한 맥락입니다. 외출 후 가방을 바닥 아무 곳이나 턱 하니 내려놓으면 그 옆에 외출복도 훌쩍 벗어두게 됩니다. 가방과 옷을 옷걸이로 옮겨야지 생각만 할 뿐 게으름에 미루다 보면 물꼬를 튼 것처럼 다른 물건들도 잇달아 바닥을 점령하기 시작합니다. 그래서 평상시 물건 하나라도 무심코 바닥에 두지 않도록 습관화하려고 합니다.

날 잡고 대청소를 하는 노력도 중요하지만, 외출하고 돌아와서 가방과 외투

외출 후 가방을 아무 곳에 툭 내려놓으면 물꼬를 튼 것처럼 다른 물건들도 잇달아 놓이게 된다.

를 바닥에 내려놓는 사소한 습관을 개선하는 것이 정리에 큰 도움이 되었습니다. 머리를 빗고 빗을 책상 위에 방치한다면 어느새 그 주변으로 온갖 물건이 집결해버리는 것은 충분히 예상 가능한 시나리오니까요.

우리 집에 물건이 없어 보이는 까닭은 제가 정리정돈을 잘해서가 아니라 반대로 정리정돈에 자신이 없기 때문입니다. '내부 수납의 원칙'은 몸에 익어 습관이 될 때까지 정리에 긴장감을 유지하려는 방편입니다. 잠깐 수납장 위에 올려두었다가 혹은 하나만 바닥에 내려놓았다가, 어느새 태산처럼 물건이 쌓일 나란 사람의 나약한 미니멀 라이프를 지키기 위한 최소한의 기초 질서인 셈입니다.

외부에 물건이 하나둘 나오기 시작하면 질서가 흐트러질 수 있어 물건은 내부 수납을 원칙으로 한다.

요리를 하면 당연히 주방은 흐트러져요.

책상에서 작업하다 보면 물건이 질서를 잃기 마련이고요.

어수선한 집 안 풍경도 흠이라고 생각지는 않습니다.

그만큼 물건들이 제 쓰임을 다하고,

우리에게 집중할 일이 있다는 뜻이니까요.

사람 사는 느낌이 안 날 정도로

항상 완벽한 모습이길 바라지 않아요.

작은 규칙만 있다면

때때로 어수선해져도 괜찮아요.

귀찮아도 설거지는 미루지 않기.

외출 후에 옷을 옷걸이에 잘 걸어 놓기.

집에 들어서 신발을 가지런하게 정돈하기.

책상에서 작업 후에 물건은 제자리에 두기.

흐트러지더라도 나만의 질서로

자연스레 정돈되는 집이길 바라지요.

월간 주방 살림

청소에는 영 소질이 없다고만 생각했는데 청소 근육이 조금은 자랐구나 싶어 뿌듯한 기분이 들 때가 있습니다. 무엇보다 일간, 월간, 계절별, 연간 식으로 집 안을 정리하는 시스템이 생기면서 청소에 대한 부담감이 많이 줄었습니다. 이를테면 설거지는 매일 해야 하는 일간에 속하고, 세탁조나 방충망 청소는 월간, 옷 정리정돈은 계절이 바뀔 때 하는 식이랍니다. 별것 아니지만 이렇게 살림 시스템을 구축해놓으니 드라마틱한 대청소를 자주 하지 않아도 집 안이 무탈하게 유지되는 것 같습니다.

매달 초는 일명 '월간 주방 살림' 행사가 있습니다. 주방 수납장을 활짝 열고 들어있던 살림살이를 전부 꺼냅니다. 식초 몇 방울을 떨어뜨린 물을 수납장 구석구석에 스프레이로 뿌리고 마른 수건으로 가볍게 닦아냅니다. 눅눅해

졌을지 모를 묵은 공기도 건강한 바람으로 순환시키고 집 안 깊숙이 들어오는 햇빛으로 소독도 합니다.

수납장에서 꺼낸 주방 살림은 거실 한가운데 집합시킵니다. 식기는 설거지 후 건조해서 보관하지만 생활 먼지와 얼룩은 생기기 마련인지라 촉촉한 수건으로 닦고 마른행주로 한 번 더 닦아줍니다. 이렇게 주방 살림을 모아놓고 닦고 있으면 딱 이 정도의 물건만 지니고 있는 게 다행이라고 느낍니다. 미니멀 라이프를 몰랐다면 주방 살림에 욕심을 부려 가짓수를 늘리는 데만 열중할 뿐 관리는 뒷전으로 미루었을 테니까요.

월간 주방 살림을 하면서 가지고 있는 주방 살림의 수량과 상태를 체크합니다. 마치 가계부로 소비 습관을 점검하는 것처럼요. 오랫동안 방치된 살림은 없는지 둘러보고 손이 가지 않는 물건은 비우기도 합니다. 점검을 마친 뒤 햇살 아래서 그윽하게 반짝이는 주방 살림살이를 보고 있노라면 별것 아닌 풍경인데도 마음이 평안해집니다. 나의 주방에 뺄 것도 더할 것도 없는 딱 적당한 균형을 유지하고 있다는 만족감이 차오릅니다.

거창하게 '월간 주방 살림'이라 부르지만, 앞으로도 즐겁게 유지하고 싶답니다. 평범한 살림이지만 그 안에서 소소한 나만의 이벤트를 만들어나간다면 정리정돈도 하기 싫은 숙제가 아니라 특별한 활력소가 되어줄지도 모릅니다.

이렇게 이번 달에도 월간 주방 살림이 무사히 잘 편집되었습니다. 나라는 일인 기획자, 나의 집이라는 단독 매체를 통해서요.

주방 살림살이는 꽉 채워서 수납하지 않고 적당히 여유를 둔다. 물건을 충동구매 하고 싶어질 때 지금의 쾌적한 상태가 떠올라 자제하게 된다.

사유하는
나의 주방 살림

○

미니멀 라이프를 하고부터 물건을 '소유(所有)'가 아닌 '사유(思惟)'의 대상으로 바라보게 됩니다. 물건엔 사용하는 사람의 손길이 스며들어 있고, 물건과 함께한 일상의 소소한 추억이 존재하기 때문입니다.

냄비와 팬은 주물 냄비 두 개, 스테인리스 냄비 세 개, 팬 한 개를 가지고 있습니다. 주물과 스테인리스는 잘 길들이면 반영구적으로 사용이 가능한 소재이지요.

냄비는 주방 외부에 드러나기 쉬운 물건이라, 디자인적인 부분에 신경을 써서 골랐습니다. 특히 주물 냄비는 테이블에 그대로 놓아도 근사한 플레이팅이 되어준답니다. 다만 무게감이 상당하고 설거지 후 테두리를 오일로 닦아주어야 녹이 생기는 것을 미연에 방지할 수 있어 관리에 꽤나 부지런함이 필요하더군요.

휘슬러의 냄비는 어릴 적부터 엄마가 주방에서 오래도록 만족하며 쓰시는 걸 보고 신뢰가 생겨 따라서 골랐습니다. 그래서인지 이 냄비를 보면 엄마가 해주셨던 맛있는 음식이 생각나요. 물론 같은 냄비를 쓴다고 엄마와 요리 솜씨까지 같아지는 건 아니지만요. 팬은 넉넉한 크기의 스테인리스 웍팬으로 볶고 굽고 튀기는 건 다 가능해 하나로 충분하게 여겨집니다. 다만 코팅 프라이팬에 비해 내열 등의 내공이 필요한데, 아직 미숙하다 보니 달걀 프라이를 만들려다 스크램블로 마무리되는 일이 더러 있네요.

우리 집 냄비와 팬

1 미니 스테인리스 냄비, 엄마가 사은품으로 받으신 작은 사이즈의 냄비. 엄마의 미니멀 라이프를 도와드릴 때 발코니 창고에서 발견되어 마침 작은 냄비가 필요했던 우리 집으로 오게 되었다. 작은 사이즈가 물 끓이기에 용이해 전기 포트 대용으로 좋고, 2인분의 라면이나 국을 끓이기에도 안성맞춤이다.

2 차세르 '노블 통삼중 스테인리스 웍팬 26㎝', 프라이팬, 전골냄비 등으로 두루 쓸 수 있다. 3중 바닥 구조로 영양소 파괴 없이 빠른 요리가 가능하다. 내부가 라운딩 처리되어 음식물이 끼지 않아 설거지 하기 편하다.

3 휘슬러 '솔라임 스튜팟 20㎝', 엄마의 주방에 늘 있던 브랜드의 냄비. 다 끓으면 소리가 나서 중간중간 냄비를 열어보지 않아도 된다.

4 키친아트 '비발디 양수 냄비 24㎝', 심플한 디자인에 가격도 착하고 단순한 디자인도 마음에 들고 3중 바닥으로 열전도율도 좋은 제품. 이런저런 요리에 두루 사용한다.

5 버미큘라 '오븐팟 라운드 베이지 색상 22㎝' 주물 냄비, 밀폐력이 우수해 무수분 요리나 카레처럼 많은 양을 뭉근하게 끓이는 음식을 할 때 주로 쓴다.

6 버미큘라 '오븐팟 라운드 펄화이트 색상 18㎝', 전기밥솥이 없는 우리 집에서 밥 짓기를 담당하는 주물 냄비. 2~4인용 밥을 짓는 데 용이하다.

국자와 칼은 무인양품, 가위와 필러는 이케아, 부들 소재의 수납합은 내추럴 브링스.

체망은 무인양품, 냄비 받침은 다이소, 스테인리스 볼 큰 사이즈는 이마트 러빙홈, 작은 사이즈는 이케아.

조리도구는 국자 한 개, 가위 한 개, 필러 한 개, 칼 한 개로 사용 중입니다. 국자와 칼은 스테인리스 소재라서 열탕 소독으로 관리가 되는데, 가위와 필러는 손잡이가 플라스틱이라 아쉬워요. 고장이 나서 다음에 새로 사게 된다면 꼭 스테인리스로 사야겠다는 마음을 가지고 있어요.

수저는 스테인리스와 나무 소재로 각각 세 벌씩 가지고 있어요. 스테인리스는 열탕 소독으로, 나무 소재는 녹차에 담갔다 오일을 발라 관리해요.

체망은 받칠 때는 물론 찜기와 음식 덮개 등 다양한 대체품으로 맹활약 중이에요. 냄비 받침은 천이나 나무 소재는 음식물이 묻으면 관리가 어려울 것 같아 스테인리스 소재로 골랐습니다. 두 개의 스테인리스 볼 중 큰 사이즈는 행주나 식기 등을 삶을 때 쓰고, 작은 것은 조리용으로 사용하고 있어요.

신혼살림으로 법랑 소재로 된 밀폐 용기를 사이즈별로 장만했습니다. 식자재를 신선하게 보존해주고, 가열할 수도 있고, 그릇 대용으로 식탁 위에 그대로 올려도 손색없는 단정한 디자인이 만족스럽습니다. 추가로 구입한 스테인리스 용기와 유리 용기도 잘 쓰고 있습니다. 김치류는 아무래도 법랑보다는 스테인리스나 유리에 넣는 것이 마음 편하더라고요.

그릇은 면기 네 개, 밥공기 네 개, 넓은 그릇 네 개, 수프 볼 두 개를 가지고 있습니다. 그릇은 세트로 대량 구매하지 않고 필요할 때 면기 하나 추가로 더 사는 식으로 차츰 늘려왔습니다. 주로 한 그릇 음식 위주로 만들어 먹으니 이것저것 담기 좋고 설거지하기도 편한 그릇을 고릅니다. 예쁜 그릇을 보면 설레지만, 관리에 자신이 없기에 욕심을 내지 않고 있습니다. 수수하고 담백한 우리 집 그릇도 음식을 돋보이게 하는 매력이 있어 마음에 듭니다.

소수의 손님이 집에 왔을 때 소박한 식사 정도는 이 그릇들로 충분하지만, 드물게 많은 손님이 오시는 경우는 교자상과 그릇 등을 동네 대여점에서 유료로 빌려서 이용합니다.

머그잔은 원래 네 개 있었는데 생각보다 자주 안 써서 나눔으로 비우고, 머

흰색의 면기, 밥공기, 넓은 그릇은 무인양품, 패턴이 있는 수프 볼은 휘슬러.

머그잔은 휘슬러 '오리지널 솔라 빅머그잔', 도자기 컵은 '스타벅스'.

엄마가 물려주신 르크루제 티포트.

그잔 한 개, 유리컵 세 개, 도자기 컵 한 개를 사용 중입니다. 텀블러를 주로 쓰니 머그잔의 부재를 크게 느끼지는 않지만, 종종 남편과 함께 머그잔에 음료를 마시고 싶어질 때가 있기에 머그잔 한 개 정도는 추가를 고려 중입니다.

엄마가 오랜 기간 쓰시다 물려주신 르크루제 티포트는 차를 우려 마시기에 편하고, 도자기 소재가 주는 우아함이 마음까지 그윽하게 합니다. 무채색이

유리 밀폐 용기는 글라스락, 법랑 밀폐 용기는 무인양품, 스테인리스 밀폐 용기는 블랙 시크 클립.

많은 우리 집에 선명한 빨간빛이 산뜻한 포인트도 되어주지요.

집에 전기 포트는 없지만 넉넉한 크기의 보온병이 있어 큰 불편은 없답니다. 열심히 사용하다 움푹 팬 세월의 흔적이 생겼지만, 그마저도 추억으로 여깁니다.

우리 집 살림살이는 하나하나 제게 애틋하고 추억이 얽힌 물건들입니다. 적다면 적고 많다면 많을 수량일지도 모르지만, 우리 가족이 먹고사는 데 전혀 무리가 없고, 관리하기 부담 없는 수량임은 분명합니다.

모슈 보온병.

■

미니멀 라이프를 하며 커피 핸드 드리퍼를 비웠습니다.
막상 사 놓고 보니 자주 쓰지 않았거든요.
비운 후 가끔 드립 커피가 마시고 싶을 땐 체망으로도 내리고,
깨끗하게 살균한 소창을 필터 삼기도 하고,
컵 위에 종이필터를 씌워 집게로 고정해서 내리기도 하지요.

그야말로 대충 내려 마시는 커피입니다.
커피 맛에 둔한 사람이라 가능한 방법인지도 모르죠.
핸드 드리퍼를 사 놓고 몇 번 쓰지도 않고
비운 전력이 있기에 대체품을 활용하는 것으로 만족하고
그 이상은 욕심내지 않습니다.

대충 내리긴 했는데, 커피 맛은 꽤 근사합니다.
집 안에 그윽하게 퍼지는 커피 향에도 변함이 없습니다.

LAGER BEER
Heineken

나를 대접하는 밥상

평일 점심은 집에서 혼자 밥을 먹는 경우가 많습니다. 생각해보면 혼자 밥을 차려 먹는 데는 적지 않은 성실함이 요구됩니다. 혼밥이니 그냥 대충 인스턴트로 한 끼를 때우거나 외식에 의존하기 쉽지요. 점심 메뉴를 고민하다 문득 손님을 대접할 때와 나를 대할 때 마음의 낙차가 너무 크다는 생각이 들었습니다.

비록 요리 실력이 대단하지는 못해도 남편과 함께하는 주말 밥상을 차릴 때면 힘을 합쳐 제대로 된 음식을 만듭니다. 집에 손님이 올 때도 마찬가지죠. 과일 하나를 먹어도 나 혼자 먹을 때 별생각 없이 집어먹었다면 남을 대접할 때는 집에서 제일 예쁜 그릇에 정갈하게 담아냅니다.

김진영 작가님의 ≪아침의 피아노≫라는 책에서 인상적으로 읽은 구절이 떠올랐습니다.

"우리 모두는 인생에 손님으로 온 것이다. 그러니 손님답게 우아하게 살아라."

제게 미니멀 라이프는 소유 자체를 금기시하는 것이 아니라, 타인의 시선에 휘둘리지 말고 자신을 존중하며 스스로 가치를 만들어가라는 격려와도 같습니다. 나중에 손님 오면 써야지 하고 쓰지도 않을 물건에 의미를 부여하기보다는 지금 당장 내가 쓸 수 있는 최고의 물건을 골라 생활한다면 삶의 풍경은 달라지겠지요. 그렇다면 밥 한 끼를 먹어도 진수성찬까지는 아니어도 조금 더

혼자 먹는 밥상을 차릴 때는 재료 준비와 설거지는 최대한 간소한 방향으로 하기 위해 주로 한 그릇 요리를 만든다.

나를 대접하는 밥상이면 좋겠다는 생각이 들었습니다.

앞으로는 혼자 먹는 밥상이라고 하찮게 여기지 말고, 마치 손님을 대하는 것처럼 나를 존중하는 마음을 담아 밥상을 차리기로 했습니다. 그래봤자 워낙 '요리 허당'이라 밋밋한 밥상에 불과할지라도 밥상을 대하는 제 마음의 분위기는 사뭇 다를 거라 믿으면서요. 단, 아무리 의도가 좋다고 해도 게으른 내가 금세 지칠까 하는 염려 차원에서 재료 준비와 설거지는 최대한 간소한 방향으로 합니다.

'나를 대접하는 밥상'은 소박하지만 특별하고, 밋밋하지만 즐겁습니다. 마치 사랑하는 이를 위해 밥상을 준비할 때처럼 나를 위해 밥상을 차리는 일이 점점 즐거워집니다. '오늘은 어떻게 때우지?' 하는 한숨 나오는 고민이 아니라, 두부 한 모를 두고 '조림을 할까, 찌개를 할까?' 내가 먹고 싶은 메뉴를 궁리하는 설레는 시간입니다. 갓 지은 밥처럼 따뜻한 방식으로 나를 존중하고 대접하는 것이지요.

과거에 함께 밥을 먹을 사람도 없고, 근사한 곳에 가서 식사할 돈도 없다며 한없이 우울해했던 날도 있었습니다. 먹어도 먹어도 헛배가 고픈 것처럼 마음이 헛헛해 지금 가지고 있는 물건도 감당하지 못하면서 더 가지고 싶기만 하던 시절이었습니다. 지금도 종종 외로움을 느끼는 날도 있고, 초라한 마음이 들기도 합니다. 하지만 그런 결핍보다는 이미 가진 것에 대한 감사가 더 크고, 온전히 나에게 집중할 수 있는 한 끼의 식사가 소중합니다.

STARBUCKS

철학이 있는 설거지

소설가 무라카미 하루키는 고교 시절에 '어느 면도사에게나 철학은 있다'는 서머싯 몸의 글을 읽고 무척 감동했다고 합니다. 그래서 소설가로 데뷔 전 술집을 경영할 당시 '어떤 온더록에도 철학은 있다'라는 생각을 하면서 8년간 매일 온더록을 만들었다고 고백하지요. 이 글은 제게 마음가짐에 따라 매일의 업이나 반복되는 일상에도 나름의 철학이 담길 수 있다는 울림을 주었습니다.

그런 의미에서 저 또한 '설거지에도 철학은 있다'는 선언 비슷한 것을 해봅니다. 다른 이들 눈엔 별거 아닌 집안일에 지나지 않을지 몰라도 매일 반복되는 설거지에는 철학이 깃든다는 믿음으로 임하고 있습니다. 설거지는 가족과 함께 밥을 차려서 식사를 나누며 귀중한 시간을 보냈다는 의미이자, 일상을 정성스레 가꾸어나가고 있다는 증거니까요.

예전엔 설거지를 자주 미루곤 했습니다. 모아서 한꺼번에 효율적으로 한다는 건 변명이었을 뿐 실은 제 나태함 때문이었습니다. 쌓여있는 설거지는 귀찮은 노동이 되어버리고 주방을 멀리하게 만들었습니다.

미니멀 라이프를 하면서 그릇 수가 줄고 그때그때 설거지를 하지 않으면 당장 쓸 그릇이 넉넉지 않은 상황이 되니 반강제적으로 설거지에 바지런을 떨 수밖에 없어졌습니다. 그러면서 집안일도 쌓아두지 않고 양이 많지 않을 때 하면 크게 수고롭지 않다는 걸 몸으로 느꼈습니다.

여전히 게으른 사람이지만 설거지만큼은 미루지 않는다는 원칙은 지키고 있습니다. 식후 바로 설거지를 마치고 건조대 안의 식기들도 제자리를 찾아주고 나면 뿌듯한 기분이 들고 그 정갈한 풍경은 든든한 격려가 됩니다.

어쩌면 미니멀 라이프는 이렇게 아주 작더라도 지속할 수 있는 자신만의 삶의 리듬을 찾아나가는 게 아닐까 싶습니다. 작은 일상을 꾸준히 담금질하다 보면 자연스레 삶을 바라보는 시선도 더 크고 단단해지지 않을까 기대됩니다.

철학이란 대단한 책이나 특별한 천재들의 거창한 생각 속에만 존재하는 것은 아닐 겁니다. 하루키 작가의 말처럼 아무리 사소한 일이라도 매일매일 계속하고 있다면, 거기엔 반드시 삶을 지탱하는 건강한 힘이 자라나겠지요.

설거지도 서툴게 마무리하는 '살림 허당'의 염치없는 자신감일지언정 설거지를 마친 뒤 나의 주방을 지그시 바라보며 생각합니다. 나의 설거지에는 나만의 철학이 자라고 있다는 것을.

우리 집 근처를 지나게 되었다는 친구의 문자에

망설임 없이 “시간 괜찮으면 와서 차 한잔해”라는 답문을 보냅니다.

예전이라면 상상하기 힘든

미니멀 라이프로 생긴 작은 여유랍니다.

내가 나를 알아주는 삶

얼마 전 남편과 발코니 청소를 했습니다. 바닥 물걸레질로 청소가 마무리되는가 싶었는데, 남편이 창틀 구석구석을 뽀득뽀득 닦는 겁니다. 땀을 흘리며 창틀 사이사이를 청소하는 남편을 보니, "거기 잘 보이지도 않고, 해봤자 티도 안 나는데 뭐하러 그렇게까지 청소해?"라는 말이 절로 나왔습니다.

"여기 먼지 있는지 없는지 내가 알잖아. 청소하면 훨씬 깨끗해지는 거 나는 아니까 닦는 거지."

남편의 말을 듣는 순간 TV 예능 프로그램 <캠핑 클럽>의 한 장면이 떠올랐습니다. 이효리 님은 남편 이상순 님과 함께 의자를 만드는 체험을 하는 와중에 남편이 의자 밑을 정성스레 손질하는 것을 보고 물었습니다. "여기 안 보이잖아? 누가 알겠어?" 그러자 이상순 님이 "내가 알잖아"라고 답하는 것을 듣고 큰 울림을 받았다고 합니다. 최선을 다해 의자 밑바닥까지 손질하는 데는

'남이 생각하는 나'보다 '내가 생각하는 나'에 더 무게를 두는 삶의 자세가 뒷받침되어 있기 때문입니다.

그 에피소드를 듣고 나는 그동안 남이 생각하는 내 모습에 더 신경을 쓰며 살았던 건 아닌지 돌아보게 되었습니다. 만약 나라면 눈에 잘 띄는 의자의 윗부분을 한 번 더 손질했을 테니 말입니다.

의자 밑을 신경 써서 손질하는 이상순 님이나 창틀 사이사이를 닦는 남편의 모습에서 건강한 삶의 골조는 내가 나를 알아주는 기특한 순간과 자부심에서 오는 것임을 느낍니다. 그래야만 다른 이들이 나의 최선을 미처 몰라준다 해도 실망하거나 우왕좌왕 휘둘리지 않고 나만의 삶의 리듬을 꾸준히 이어나갈 수 있을 테니까요. 미디어의 광고 문구나 타인의 시선에 치중하다 보면 진짜 자신이 원하는 게 무엇인지 알 수 없겠지요.

살아가다 보면 완벽한 꽃길만 걷지는 않을 것입니다. 행복하고 기쁜 일도 만나겠지만, 노력한 만큼 결실이 돌아오지 않을 때도 있을 테고, 기대한 만큼 보답을 받지 못해 실망스러울 때도 있고, 다른 이들의 성공에 비해 내 위치는 한없이 작아 보이는 순간순간을 마주하게 될 테지요.

그럴 땐 한숨을 쉬며 낙담하기보다는 흐뭇하게 웃으며 나를 다독일 수 있게 되길 바랍니다.

"내가 나 열심히 한 거 알잖아. 내가 알잖아"라고 말입니다.

과시가 아닌 과정이 되어주는 물건

미니멀 라이프를 만나기 전에는 물건을 '과시'하는 기쁨만 알았는데, 지금은 물건과 함께하는 '과정' 안에서 행복을 찾아갑니다. 과시가 나쁘다고 여기지는 않습니다. 새 물건을 산 기쁨을 표현하거나 자신의 취향을 누군가에게 인정받고 싶다는 욕구는 지극히 자연스러운 감정이라고 생각하니까요. 저 역시 작은 주방 살림 하나라도 맘에 쏙 드는 물건을 사면 사진을 찍어 SNS에 올려 공유하며 작은 행복을 느낍니다. 또한 다른 분들이 올린 물건을 보며 정보도 얻고 예쁜 집을 구경하는 즐거움도 쏠쏠하답니다.

다만 대부분의 물건을 과시용으로만 여겼던 과거의 소비 태도는 새것이 아니면 설레지 않는 부작용이 따랐습니다. 사진만 잔뜩 찍고 서랍장 깊숙한 곳에 넣어둔 채 존재 자체를 잊어버리기도 했습니다. 이제는 물건을 소유하는 기쁨보다 물건과 함께하는 과정에 더 무게를 두고 싶습니다. 아무리 근사한 물건일지라도 스며든 기억이 별로라면 가치가 바래기 마련이고, 소박한 물건이라도 함께하며 제 삶의 서사가 깃들면 그 가치가 빛을 발할 테니까요.

주방 살림으로 내 취향을 확인하며 흐뭇한 기분을 만끽하는 것에 그치지 않고, 쾌청한 날씨에 주방 살림을 햇살 살균시키고 그 살림으로 가족들과 밥상을 차려 맛있게 나눈 기억이 쌓인다면 과정에서 얻는 행복일 겁니다.

노력하다 보면 언젠가는 '결과에 연연하지 말고 과정에 충실하라'는 말처럼 과시에 연연하지 않고 인연을 맺은 물건들에 켜켜이 쌓인 기억, 그 과정에 충실할 수 있겠지요.

SMEG

집을 가볍게 하고 떠나기

길든 짧든 집을 비울 때는 집의 무게를 가볍게 합니다. 우선 냉장고를 가볍게 합니다. 신선 재료는 계획적으로 식단을 짜서 소진하고 장보기도 절제합니다.

집 안 구석구석 대청소를 하고 환기도 시키지요. 테이블 위에 식탁 의자를 뒤집어 올려놓고 가면 집을 비울 때 의자와 테이블에 먼지가 덜 가라앉습니다. 초록이에 물을 주고 햇빛이 잘 들어오는 방향으로 자리 잡아줍니다.

침구는 먼지를 탁탁 털어 정돈합니다. 건조한 겨울에는 극세사 이불 위에 분무기로 물을 골고루 뿌려놓고 나갑니다. 세탁물은 모두 건조까지 마무리해 제자리에 넣고, 냉장고를 제외한 모든 가전의 전원은 끕니다. 분리수거를 하고 음식물 쓰레기, 종량제 쓰레기는 모두 집에 남김없이 처리합니다.

그렇게 집의 무게를 최대한 가볍게 하고 떠나면 마음이 개운합니다. 과거에는 허둥지둥 나가기 바빠 집을 엉망진창으로 만들고 가는 경우가 다반사였답니다. 집에 돌아와 현관문을 열면 분리수거 쓰레기가 쌓여있고 냉장고 안에 유효기간이 지난 음식이 뒹굴고 있었습니다. 편안한 휴식이 되어야 할 집에 처리해야 할 임무가 가득하니 피곤함부터 밀려왔죠. 여전히 게으른 사람이지만 떠나기 전 집을 가볍게 비우고 정리하는 일만큼은 습관이 되도록 노력하고 있습니다.

예전에는 여행을 마치고 집으로 돌아가는 길에 가슴 한구석이 답답했는데, 요즘엔 평온한 집의 풍경이 그려지며 편히 쉴 생각에 흐뭇함이 차오릅니다. 의자를 바닥에 내려놓고 가방 안에 텀블러를 꺼내 설거지를 하고, 양치도구를 제자리에 놓습니다. 차분하게 정돈된 침구에서 여독을 풀며 어느 것 하나 뒤엉킴 없이 간결하게 일상의 리듬으로 복귀할 수 있습니다. 집을 가볍게 하고 떠나온 덕분일 겁니다.

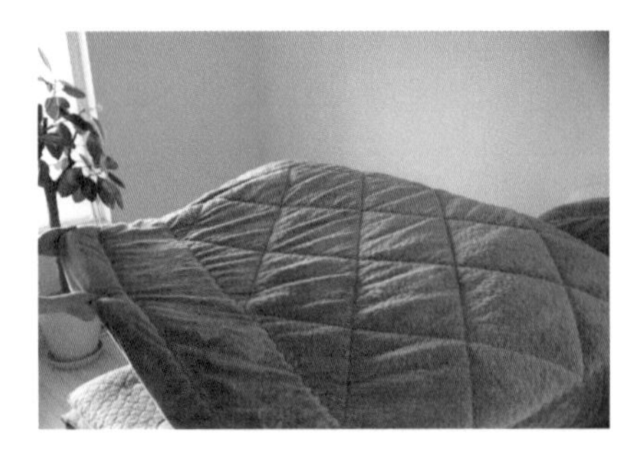

침구는 먼지를 탁탁 털어 정돈하고 건조한 겨울에는 극세사 이불 위에 분무기로 물을 뿌려놓고 나간다.

장기간 집을 비울 때는 식물에 미리 물을 주고 햇빛이 잘 들어오는 곳에 자리 잡아준다.

하루 이상 집을 비울 때도 텀블러와 양치도구는 잊지 않고 챙겨갑니다. 텀블러가 있으면 고속도로 휴게소에서 생수를 사지 않아도 되어 쏠쏠한 절약도 되고 쓰레기를 줄일 수 있지요. 부모님 댁에 찾아뵐 때는 음식을 담아올 통과 유리병 등을 챙겨가면 부모님 댁 용기에 신세 지지 않을 수 있고, 집에서 다시 옮겨 담고 정리하는 번거로움도 덜 수 있습니다. 부모님께선 항상 넘치도록 주고 싶어 하시지만 부부 둘이 소화하기에는 과할 수 있으니 용기를 준비해 먹을 수 있을 정도의 양만 담아서 가져갑니다. 집을 가볍게 하고 떠나왔듯 다시 돌아갈 때도 너무 무겁지 않게 돌아갈 수 있기를 희망합니다.

부모님께서 정성으로 챙겨주신 음식들로 채운 용기를 들고 집으로 와 냉장고 안에 쾌적하게 비어있는 공간에 그대로 넣기만 하면 됩니다. 옮겨 담아야 하는 수고로움도 버려야 할 쓰레기도 이걸 언제 다 먹을까 싶은 부담감도 없죠. 넉넉한 부모님들의 사랑과 감사하는 마음만 가득합니다.

하루 이상 집을 비울 때는 텀블러와 양치도구는 잊지 않고 챙긴다.

양가 부모님 댁에 갈 때는 음식을 주실 때가 많기 때문에 빈 용기를 챙겨간다. 준비해간 용기에 담길 만큼만 감사한 마음으로 받아온다.

■■

외출하고 돌아와 정돈된 집에 들어서면 기분이 좋습니다.
이런저런 일로 마음이 지쳐있던 날,
문을 열고 집에 들어서자 세상의 어수선함이 사라지고
집이 나를 토닥이며 맞아주는 듯한 편안함을 느꼈습니다.

휴식이 되는 집이 있다는 건 큰 축복입니다.
약속 시간이 임박해 대충 정리도 못 하고 허둥지둥
나가는 날도 적지 않지만, 이 마법 같은 순간을 위해
가능한 외출 전 집을 정돈하려 합니다.

혹시나 지친 몸을 이끌고 돌아올지 모를 내가
말끔하고 평온한 집에 들어서면서
조금이라도 힘을 냈으면 하는 마음입니다.
현재의 내가 미래의 나에게 보내는 작은 응원인 셈입니다.

내게 잠시 맡겨진 것들

"아이는 부모의 소유가 아니라 신이 잠시 맡긴 소중한 손님 같은 존재입니다."

우리는 아직 아이가 없는 부부임에도 어디선가 이 말을 듣고 크게 공감한 적이 있습니다. 문장을 되뇌다 보면 지금 내가 지닌 모든 존재가 어쩌면 신이 잠시 맡긴 것이 아닐까 싶어집니다.

미니멀 라이프 이전에 한도 끝도 없이 가지고 싶어 하는 욕망도 건강치 못했지만 그와 더불어 아주 사소한 거라도 잃어버리지 않으려 하는 집착이 불안을 만들었습니다. 가지고 싶은 욕구는 지극히 건강한 욕망이라 생각합니다. 다만 가지고 싶어만 했지, 티끌만큼도 잃지 않고 쥐고 있으려 아등바등하느라 내가 가진 것을 제대로 들여다볼 시간은 없었습니다. 때로는 놓을 줄도 알고, 베풀 줄도 알고, 손해 볼 줄도 알아야 한다는 어른들의 말씀이 새삼 깊게 다가옵니다.

실은 여전히 옷장 안에 거의 입지 않는 옷 몇 벌을 비우지 못했습니다. 어디 물건뿐이던가요. 친하게 지내는 무리가 나를 빼놓고 만남을 가졌다는 얘기를 들으면 멀어진 것은 아닌지 우울해지기도 합니다. 하지만 미니멀 라이프를 하면서 아주 조금은 놓는 방법도 배우게 되는 것 같습니다. 물건을 나눔과 기증으로 비우는 과정이 심리적으로도 큰 도움이 되었습니다.

나눔과 기증의 시작은 선한 의도만 있었던 것은 아닙니다. 당시 내가 가진 물건을 정돈할 여력이 없다 보니 피치 못한 선택이었음을 고백합니다. 하지만 자발적으로 물건을 비우는 과정에서 홀가분한 기분을 느꼈고, 내 돈 주고 산 물건이니 이 물건의 주인은 영원히 나여야만 한다는 강박에서 벗어날 수 있었습니다.

여전히 타인이 가진 것을 부러워하는 수준을 넘어 박탈감을 느끼고 나 자신을 초라하게 만들 때도 있습니다. 나보다 많은 걸 지닌 타인을 미워하는 못난 속마음도 불쑥 솟아납니다. 그럴 때는 내 주변의 것들을 둘러봅니다. 무탈한 건강과 내 한 몸 편히 쉴 수 있는 집과 사랑하는 가족이 있습니다. 좋아하는 책을 사서 읽을 정도의 돈도 있습니다. 부족한 글이지만 작성할 시간 여유도 있고 그런 글을 읽어주시는 소중한 분들도 있습니다. 더운 여름에 냉장고를 열면 시원한 물과 수박도 있습니다. 추운 겨울엔 따뜻하게 끓여서 마실 차도 있고요.

하나님께서 내게 잠시 맡기신 거라 해도 과분할 정도의 축복이 넘치는데 더 받고 싶다고 간구하는 기도만 드린 것 같습니다. 이제 충분히 주셔서 감사하다는 기도를 더 드리고 싶어집니다.

아이는 부모의 소유가 아니라 신이 잠시 맡긴 소중한 손님 같은 존재라는 말처럼 어쩌면 모든 것은 내게 잠시 맡겨진 것들이 아닐까 싶습니다.

"남편은 나의 소유가 아니라 신이 잠시 맡긴 소중한 손님 같은 존재입니다."
"물건은 나의 소유가 아니라 신이 잠시 맡긴 소중한 손님 같은 존재입니다."
"시간은 나의 소유가 아니라 신이 잠시 맡긴 소중한 손님 같은 존재입니다."

모두 내게 잠시 맡겨진 것에 불과하다는 말씀을 마음에 새기니 소유를 과시하거나 우월감에 빠지는 일을 경계하고 겸손함을 배우고 싶어집니다. 영원한 소유는 없기에 귀하게 아끼고, 언젠가는 비워야 한다는 것을 알기에 집착은 덜어냅니다. 곧 잃어버릴 거라는 허무함이 아니라 지금 내 곁에 있는 것에 대한 진심 어린 감사가 남았습니다.

종종 "아이가 없으니 이리 깔끔하게 사는 게 가능한 거지"라는
말씀을 듣습니다. 그 말씀에 "그러믄요. 말씀 주신 대로 아이가 없으니
이리 살 수 있는 거겠죠"라고 고개를 끄덕이며 육아를 하시는 분들께
깊은 존경을 보냅니다.
아울러 한 마디를 마음속으로 덧붙입니다.
"실은 저는 혼자 살 때 엉망진창으로 해놓고 지냈거든요.
그래서 아이가 없어서 이리 사는 게 아니라 미니멀 라이프 덕분에
이리 사는 거랍니다."

공간을 정신없게 만드는 근본적인 원인은
다른 누구도 아닌 나 자신임을 이제는 압니다.
아직 아이가 없다 보니 현재 미니멀 라이프를 유지하기가
비교적 수월하다고 생각합니다.
하지만 결혼 전 혼자 살 때 제 공간은 늘 넘치는 물건들로 어수선했고,
누가 볼까 부끄러울 정도로 어질러져 있을 때가 많았습니다.
그래서 '아이가 없으니 미니멀 라이프가 가능하다'는 말은 제게
너무나 과분한 칭찬이자 오해입니다.
혼자일 때도 불가능했던 일상의 질서를
미니멀 라이프로 얻은 운 좋은 사람이니까요.

THE JOY OF MINIMALIST LIVING

PART 3

집과 사랑에 빠지는 순간들

미니멀을 위한
라이프가 되지 않도록

제 나름대로 미니멀 라이프를 해온 지 얼추 5년이 넘어갑니다. 집의 물건을 비우며 점점 깔끔해지는 모습에 뿌듯함이 컸고 생활하면서도 쾌적함을 느꼈습니다. 그런데 미니멀한 인테리어에 애정을 쏟은 만큼 공간이 망가질까 하는 걱정도 덩달아 커졌습니다. 양가 부모님께서 먹거리를 풍성하게 주시면 감사할 줄 모르고 둘 곳이 없다며 투덜거리는 못난 태도를 보이기도 하고, 물건을 선택할 때도 실용성을 살피기 전에 공간 미학에 도움이 되느냐만 따지지 않았나 싶습니다. 어느새 미니멀을 위한 라이프가 되어버린 겁니다.

'미니멀'의 도움을 받아 건강한 삶으로 변화하고자 했던 것에서 미니멀 자체가 목적인 삶으로 주객전도가 되어버린 것은 아닌지 반성을 했습니다. '라이프를 위한 미니멀'이라는 본질로 돌아가기 위해 집 여백에 대한 집착을 조금씩 내려놓기로 마음먹었습니다.

비워둔 방의 쓸모 있는 변신

○

우리 집에는 아무 물건이 없이 비워둔 방 하나가 있습니다. 손님이 묵고 갈 경우에 게스트룸으로 활용하기도 하고, 겨울에는 이 방에 난방을 하지 않고 쌀과 달걀 등을 보관하는 음식 창고로 쓰기도 합니다. 서늘한 공기 덕분에 신선 식품을 보관하기에 제격이거든요. 평상시에는 비워두는 공간이었는데, 집에서 운동을 하길 원하는 남편의 뜻에 따라 이곳에 커다란 운동기구를 들였습니다. 아무리 보아도 우리 집 인테리어에는 영 안 어울려 보이는 물건이기에 사실 좀 망설였지만, 사랑하는 남편이 원하는 물건이라는 것이 더 중요하기에 인연을 맺었답니다.

솔직히 그 방은 #미니멀리즘 #집스타그램 #미니멀인테리어 해시태그에 어울리는 근사한 곳은 아닐 겁니다. 하지만 내 눈에는 마음속 집착을 내려놓은 뿌듯한 증거로 보입니다. 미니멀 라이프로 정갈한 공간을 얻는 것은 축복이지만, 공간의 이미지에만 매달리는 것은 또 다른 욕심에 불과할 테니까요.

지금은 운동기구와 이런저런 생활감이 묻어나는 물건이 편하게 놓여있는 우리 집의 풍경도 사랑합니다. 물건의 균형을 유지하려는 노력과 함께 물건이 늘어난다 해도 가족이 행복하다면 괜찮다는 여유도 함께 생긴 것 같습니다.

반전이라면 처음 몇 달은 운동기구 본연의 역할에 충실했지만, 주변분들의 예언처럼 옷이 하나둘씩 걸리더니 운동기구라는 이름의 '국민 옷걸이'로 변신해 옷방으로 보내진 것입니다. 그마저도 자연스러운 일상이 스며든 풍경이라 여기며 미소를 짓게 됩니다.

코로나로 집에 있는 시간이 늘어나고 남편이 재택근무를 하게 되면서 작은 방은 홈 오피스로 변신하기도 했습니다. 아무래도 식탁 의자로는 장시간 앉아 있기에 어려움이 있어 기능성 의자도 구입했지요. 물건이 늘어났다 해도, 집 안의 여백이 줄었다 해도 필요에 의한 선택이었기에 미니멀 라이프의 질서가 흐트러졌다고 생각되지는 않습니다. 이렇게도 노력해보고 저렇게도 타협해보면서 나만의 편안한 미니멀 라이프를 만들어나가고 싶습니다.

겨울에는 작은 방에 난방하지 않고 서늘하게 유지해 쌀과 달걀 등을 보관하는 음식 창고로 활용한다.

비움을 위한 비움이 아니길 바랍니다.

좋은 것으로 채우기 위한 비움이었기를 소망합니다.

많은 옷을 비웠다면,

외출복을 정갈하게 준비하는 여유가 채워지기를.

많은 컵을 비웠다면,

살림살이를 열탕 소독하는 건강한 습관이 채워지기를,

많은 사람을 분주하게 만나는 바쁨을 비웠다면,

나 자신에게 온전히 집중하는 재충전의 시간이 채워지기를.

많은 일회용품을 비웠다면, 아이스크림을 살 때

일회용 스푼은 사양하는 실천이 채워지기를.

드라마틱하게 삶이 바뀌는 큰 변화는 아니지만

평범하고, 사소하고, 별것 아닌 채움이 주는 만족감은

미니멀 라이프를 지속할 든든한 기반이 되어줍니다.

비워내기만 하는 미니멀 라이프는

자칫 공허하게 느껴질지 모릅니다.

더 나은 채움을 위해 삶의 공간을 '리셋'한다고

생각하면 설레고 기대가 됩니다.

G

여름과 겨울,
계절의 풍경들

사계절이 뚜렷한 우리나라가 미니멀 라이프를 하기엔 결코 만만치 않다 느껴집니다. 계절마다 그에 맞는 가전과 의류 등 시즌용 물건이 많이 필요하기 때문입니다. 계절용 물건은 해당 시즌에 맹활약하지만 그 후엔 수납장 깊숙한 곳에 넣어두어야 합니다.

신혼살림을 장만할 때 계절 필수품이라 불리는 것들을 무작정 구매하지는 말자고 생각했습니다. 같은 계절이라 해도 사람마다 느끼는 체감온도가 다르고, 집 자체가 지닌 구조와 냉난방 상태, 기본 온도 또한 다를 테니까요.

신혼집에 살면서 첫해에 겨울용 물건으로 온수 매트를 구매하고, 여름용 물건으로는 선풍기 한 대를 장만했답니다. 오래 쓸 물건이라 생각하고 두루두루 비교해보고 고른 물건들이라 아주 요긴하게 신세 지고 있습니다.

여름의 풍경

어느새 이 집에서 다섯 번째 여름을 보냈습니다. 그간 에어컨 없이 무탈하게 여름을 난 것은 미니멀 라이프로 배운 마음가짐 덕분입니다. 필요한 물건을 거부하고 인내하며 살아가는 게 결코 아닙니다. 지금 당장 없어도 크게 무리가 없는 물건이라면 여유를 가지고 그 물건 없이 잘 지내는 방법을 찾아가는 과정 자체를 즐기고 있습니다.

에어컨 없이 더위를 인내하는 미니멀 라이프가 아닌, 에어컨 없이도 여름을 시원하게 보내는 방법을 찾는 것이 우리의 미니멀 라이프입니다.

우리 집은 감사하게도 맞바람이 드는 구조라 환기가 아주 훌륭합니다. 여름에 발코니 창문을 활짝 열면 자연풍이 한가득 들어와 그 덕을 톡톡히 봅니다. 자연이라는 거대한 선풍기가 만들어주는 바람은 유난히 상쾌합니다. 문을 열어놓고 등목을 시켜주듯 차가운 물걸레로 바닥을 닦아주면 집의 공기가 한결 시원해짐을 느낍니다. 가전 자체에서 나오는 열기가 상당하기에 쓰지 않는 가전의 전원을 끄는 것도 실내 온도를 낮추는 데 도움이 됩니다. 전기 절약에도 좋고요.

음식으로도 더위를 잊어봅니다. 여름의 대표 과일 수박은 무더위가 시작되면 우리 집 냉장고 한편을 차지합니다. 여름은 수박 한 통을 사 오면 마음만은 부자가 되는 귀여운 계절 같습니다. 수박을 썰어 밀폐 용기에 차곡차곡 담아 냉장고에 넣어두면 요긴합니다.

수박 파티를 좋아하는 통키. 씨를 제거한 얇게 썬 수박 한 조각이면 신이 난다.

여름에는 평상형 침대의 이불을 걷어내고 차가운 물로 걸레질을 한 후 누워 쉬기도 합니다. 그곳에서 선풍기 바람을 맞으며 수박을 먹으면 대청마루에서 여름 더위를 식히는 것 같은 느낌이 듭니다.

일 년 중 폭염이 절정에 이르면 에어컨 생각이 간절할 때도 있습니다. 그럴 때는 남편과 동네 카페에서 에어컨의 은총을 받고 온답니다. 그 시기가 지나면 '에어컨 안 사길 잘했다'는 마음이 아직은 더 큽니다. 여름의 몇 주를 위해 에어컨에 공간을 내어주고 관리하는 것보다는 요령껏 더위를 식히며 지내는 생활도 충분히 만족스럽습니다. 지구 온난화를 막는 데도 작은 힘을 보탰다고 생각하면서요.

선풍기는 주기적으로 분해해서 먼지를 제거하고 깨끗하게 닦아줍니다. 만약 에어컨이 있다면 이토록 선풍기를 소중히 여기고 정성스레 관리했을까 하는 생각도 듭니다. 적당히 꼭 필요한 것만 가지며 살기에 물건 하나하나에 대한 고마움과 애정이 커지는 것 같습니다.

겨울의 풍경 ○

매서운 추위가 기세등등한 겨울은 물건이 주는 힘에 더 기대게 되는 계절입니다. 추위를 많이 타는 저로서는 두툼한 이불과 의류, 온수 매트 같은 전열기구가 함께하니까요. 그래서 겨울을 맞은 집에서는 여백에 대한 집착은 잠시 내려놓습니다.

날이 쌀쌀해지면 남편이 주로 작업을 하는 책상, 거실에 내놓고 지내던 평

상 침대 등 가구들을 안방으로 모아 난방 효과를 높입니다.

미닫이장에서 두툼한 겨울 이불을 꺼내 먼지를 탁탁 털고 발코니에 널어 햇살을 쪼여줍니다. 보송보송한 극세사 이불을 덮고 온수 매트를 훈훈하게 틀어놓고, 남편과 맛난 귤을 도란도란 나누어 먹거나 따뜻한 차를 마시는 것도 겨울에 누리는 낭만이 아닐까 합니다. 가습기는 없지만, 공기가 건조하다 싶을 때는 물걸레질을 자주 하고 젖은 수건을 널어 건강히 겨울을 나고 있습니다.

겨울은 미니멀 라이프를 하기 녹록지 않은 계절일지 모르지만, 남겨진 물건에 대한 고마움을 진하게 느끼게 됩니다. 아무쪼록 우리가 가진 물건들에 정중한 마음으로 신세 지며 가족과 온기를 나누며 이번 겨울도 건강하게 잘 보내기를 바라봅니다.

집에서의 작은 이사

계절의 변화처럼 집에 변화가 필요해지는 순간이 있습니다. 그럴 땐 새로운 물건의 도움 이전에, 가구 재배치부터 해봅니다. 큰 동선의 변화가 아니어도 가구 재배치만으로도 이사라도 온 듯 새로운 느낌을 줍니다. 아울러 가구에 가려졌던 공간을 구석구석 청소하는 계기도 된답니다. 집이라는 익숙한 공간을 떠나 여행을 가고 싶어질 때, 인테리어에 변화를 주고 싶어지는 순간에, 저는 작은 이사를 합니다. 가구 재배치라는 작은 이사를요.

거실 수납장은 정기적으로 옮겨 변화를 준다. 가구 재배치를 청소하는 기회로 삼으면 집이 한결 말끔해진다.

겨울엔 흩어진 가구를 안방으로 모아서 물건이 주는 보온성을 높인다.

여름엔 시원한 바람이 들어오는 거실에 안방에 있던 침대를 놓고 원룸처럼 지내며 동선을 최소로 만든다. 가구가 빠져 텅 빈 안방은 환기가 제대로 된다.

집을 카페처럼 만들고 싶을 땐 창가에 테이블을 놓는다. 곁에 화분을 두면 더욱 카페 같은 느낌이 난다.

통키가 올 때는 대체로 좌식 모드로 지낸다. 벤치 수납장을 침대 옆에 눕혀서 통키의 침대 계단으로 만들어주기도 한다.

주방에는 주로 원형 테이블이 놓여 있지만, 종종 안방의 책상과 자리를 바꿔가며 배치한다. 어떤 가구가 들어오느냐에 따라 주방의 분위기가 달라지기에 인테리어를 새로 한 듯 기분이 좋아진다.

누구나 마음에 위로가 되는 글귀 하나씩은 있을 겁니다.

제겐 피천득 선생님의 문장이 그렇습니다.

"여러 사람을 좋아하며 아무도 미워하지 아니하며,

몇몇 사람을 끔찍이 사랑하며 살고 싶다."

<나의 사랑하는 생활> 중

이 글귀에 기대어 제가 꿈꾸는

미니멀 라이프를 그려보았습니다.

"가지고 싶은 물건이 있다 해도 그 욕망을

미워하지 아니하며, 다만 몇몇 물건을

끔찍이 사랑하며 살고 싶다"고 말입니다.

미니멀 라이프를 한다며 좋아하는 물건에 대한

애정을 애써 숨기거나, 단호하게 비우는

모양새를 자랑하기 위해 물건에 대한 고마움을

잊고 하찮게 여기거나 미워하지 않기를요.

다만 소유하는 물건의 수에만 집착하지 않고,

물건 하나하나 소중히 다루는 양질의 삶이기를 바랍니다.

편안하게
쉴 수 있는 집

통키와 인연을 맺게 된 지 어느덧 4년이 넘어갑니다. 온라인 강아지 커뮤니티에서 분리 불안이 심한 강아지를 며칠간 보호해줄 분을 찾는다는 글을 읽고 용기 내 연락을 드렸죠. 통키는 현재 집에 오기 전까지 믹스견이란 이유로 여러 차례 파양 당한 아픈 기억을 가졌다고 합니다. 그래서인지 낯선 장소와 처음 보는 사람을 무서워하는 편이라는 말씀을 듣고 통키가 적응에 어려움을 겪을까 봐 걱정도 되었습니다.

그런데 뜻밖에 통키는 우리 집에 오자마자 신나게 거실로 우다다 돌진해 달려가더니 활기찬 모습을 보여주었지요. 통키 보호자분들과 우리 부부는 통키가 잘 적응해주어 감동했고, 좋은 인연이 될 거라는 예감이 들었습니다.

만약 예전처럼 집이 잡동사니로 뒤죽박죽이었다면, 통키를 임시 보호할 여유가 소금 한 톨만큼도 없었을 것 같습니다. 집이 어수선하다 보니 누군가를 집에 초대하려면 아주 큰맘을 먹어야 했답니다.

조심스러운 성격인 제가 갑작스레 통키의 임시 보호를 자원하는 용기를 낸 데는 우리 집에 통키에게 나누어줄 수 있는 공간의 여유 정도는 있다고 느꼈기 때문입니다. 그렇기에 통키와의 만남은 미니멀 라이프가 준 선물과도 같습니다. 통키는 고맙게도 친한 친척집에 놀러 오듯 자주 머물고 있답니다. 아무쪼록 통키가 앞으로도 우리 집에서 편하게 쉬다 가기를 소망합니다.

통키와의 숨바꼭질

통키와의 숨바꼭질 룰은 언제나 정해져 있죠. 술래는 늘 우리이고 통키는 거울 뒤에 숨는답니다. 어찌나 친절한지 이제 숨는다고 미리 '멍' 하고 크게 짖어서 알려주고 얼굴만 숨긴답니다.

본인은 완벽하게 숨었다고 생각하지만 통통하고 귀여운 엉덩이가 늘 보입니다. 모르는 척 열심히 찾다가 "통키 여기 있네! 찾았다!"하고 거울 반대편으로 가면 깜짝 놀라 눈을 동그랗게 뜹니다. 못 찾는 척 시간을 끌면 답답한지 나와서 왕왕 짖고는 다시 거울 뒤로 숨는답니다.

가끔은 거울 뒤에서 잠들어있는 통키를 발견하는 경우도 있지요. 술래를 기다리다 깜박 잠이 든 모양입니다. 세상에서 가장 천진하고 귀여운 통키의 숨바꼭질입니다.

나의 집이 사랑하는 존재를 위해 쉴 곳이 되어준다는 것.

공간에 여유를 유지하고자 하는 이유입니다.

세상을
다 가진 것처럼

통키는 산책을 할 때면 꽃잎을 발로 톡톡 건드리기도 하고 향기를 맡는 등 꽃에 유난히 관심을 보였습니다. 그 모습을 보고 산책할 때마다 틈틈이 땅에 떨어진 꽃잎을 모아서 통키를 위한 작은 이벤트를 열기로 했습니다. 결혼식이나 특별한 날에 축복의 상징으로 하는 플라워 샤워를 통키에게 꼭 해주고 싶었답니다.

앞으로 통키가 꽃길만 걸을 수 있기를 바라는 마음으로 거실에서 힘차게 꽃을 하늘로 흩뿌리자 떨어지는 꽃비 속에서 통키는 신이 난 듯 폴짝폴짝 뛰기 시작했습니다. 이벤트를 해주는 우리 부부의 마음이 벅찰 정도로 통키는 행복해 보였습니다.

누군가 우리 집에서의 잊을 수 없는 추억에 관해 물어본다면, 망설임 없이 통키와 함께한 거실 플라워 샤워라고 말할 것 같습니다. 세상을 다 가진 듯 어린아이처럼 뒹굴며 즐거워하는 통키를 보니 우리 집 거실 여백에 새삼 감사한 마음이 들었습니다. 미니멀 라이프를 시작한 후 여백은 무엇이든 채울 수 있는 가능성임을 몸소 체험할 기회가 꽤 있었지만 이번 추억은 더욱 각별하게 기억될 것 같습니다.

통키를 보며 집을 귀하게 만들어주는 건 값비싼 물건만은 아니라는 것을 배웠습니다. 시든 꽃잎이 그 어떤 물건보다 우리 집을 아름답게 만들어주었으니까요. 통키를 보며 작은 다짐을 했습니다. 우리 부부도 통키처럼 별것 아닌 일에도 세상을 다 가진 것처럼 착각하며 행복을 누리고 살자고요. 혹여 살면서 초라한 마음이 들 때면 서로에게 꽃잎을 뿌려주었을 뿐인데, 세상 부러운 것 없다는 듯 웃었던 지금의 시간을 떠올리자고요.

여백이 있는 거실 덕분에 일상은 축제가 됩니다. 가을에는 산책길에 색색으로 물든 나뭇잎에 관심을 보이던 통키를 위해 거실에서 단풍축제를 만끽합니다. 땅에 떨어진 단풍잎, 은행잎, 낙엽을 모아 깨끗하게 닦아 뿌려주자 통키는 세상을 다 가진 것처럼 행복해합니다.

통키의 최애 장난감은 양말이랍니다. 양말 한 짝이 없어져 찾다 보면 통키가 쥐고 있는 경우가 다반사입니다. "그 양말 통키 거야?" 하고 물으면 시치미를 뚝 떼며 딴청을 피우다 마지못해 돌려주고 또다시 양말에 관심을 보입니다. 만약 하늘에서 통키가 좋아하는 양말이 우수수 떨어진다면 어떨까? 통키의 관점에서 생각해보니 정말 신이 날 것 같았습니다. 그래서 집에 있는 양말을 모아서 높이 던져주자 폴짝폴짝 뛰며 즐거워합니다.

혹여 집이 너무 단조롭다 생각되는 날에는 눈을 지그시 감고 거실에서 함께 했던 축제를 떠올릴 것입니다. 거실에서 흩날리는 꽃잎들 속에서 신나게 뛰는 통키, 함께 아이처럼 웃으며 즐거웠던 남편과 나. 그 기억은 영원히 시들지 않을 꽃처럼, 영원히 사라지지 않을 꽃향기처럼 남아 나의 집을 다시 사랑하게 될 거 같습니다.

집을 떠나 특별한 장소로 떠나야만
서프라이즈 이벤트가 가능한 건 아니겠지요.
서로가 무엇을 좋아하고 어떤 일에 행복을
느끼는지 마음에 담아둔다면 익숙한 집이
특별해지는 마법을 부릴 수도 있답니다.

조금 덜 벌고 조금 더 맘 편히 살기

5년 전 신혼집을 구하러 다닐 때 지금의 아파트와 바로 옆에 위치한 다른 아파트 중에서 선택의 갈림길에 섰습니다. 현재 우리가 사는 아파트가 A라면 다른 아파트는 B라 불러봅니다. B는 이름만 들어도 누구나 알법한 유명 브랜드의 아파트로 평수도 넓었고 옵션도 훌륭했습니다. 가격은 A 아파트보다 두 배 정도 높았습니다.

A 아파트를 고르면 대출 부담이 적고, B 아파트는 하루도 긴장의 끈을 놓을 수 없는 상당한 대출금을 짊어져야 했죠. 고민하는 우리 부부에게 먼 미래를 봤을 때 무리해서라도 B를 구매하면 집값이 큰 폭으로 올라 자산 가치를 높일 수 있을 거라고 조언해 주는 분도 계셨답니다. 좀 무리이긴 해도 '이 집을 사면 빚 때문에라도 열심히 살지 않을까, 한 살이라도 젊을 때 치열하게 사는 것도 괜찮지' 하는 생각도 들더군요.

그런데 마음 한구석에 빨간불이 깜박깜박 켜졌습니다. A 아파트는 유명 브랜드도 아니고 부동산 투자 가치가 대단히 기대되는 것은 아니지만 환기와 채광이 더할 나위 없이 좋고, 공용 옵션이 많은 새 아파트가 아니라 관리비도 절약할 수 있다는 점이 마음에 들었습니다. 아울러 A 아파트를 사면 대출 부담이 낮아지니 앞으로 우리 두 사람이 빚을 갚기 위해 지나치게 무리하며 살지 않아도 될 것 같았습니다.

열심히 일해서 그만한 부를 누리고 공부하고 투자해서 이윤을 남기는 것은 당연히 존중받아야 할 가치일 겁니다. 더 벌기 위해 더 일하는 선택에도 삶에 대한 확실한 목적의식이 있는 거니까요.

하지만 조금 덜 벌고 조금 덜 소유하고 조금 덜 이윤이 남는 삶에도 존중받을 만한 철학이 있다고 믿습니다. 남편은 근면 성실한 사람인지라 학생 때도 아르바이트를 쉬지 않았고 직장인으로 바쁘게 살아왔지요. 저도 결혼 전까지 꽤 오랜 기간 회사에 출퇴근하며 일을 해왔습니다. 일이 주는 성취감은 우리 두 사람의 삶에 있어 중요한 덕목입니다.

그런데, 아무리 일이 중요하다 해도 부담스러운 빚을 만들어놓고 그걸 갚기 위해 무리하게 되는 상황만큼은 만들고 싶지 않았습니다. 몸은 하나이고 육체의 젊음은 하루 단위로 사라져가는 것인데, 돈 때문에 우리 부부가 함께 누릴 수 있는 많은 것들을 놓치고 일에만 매여 살아야 한다니 애석하게 느껴졌답니다. 아울러 조금 덜 소유하면 조금 더 편해진다는 것을 미니멀 라이프로 경험하면서 뻔뻔한 자신감이 붙은 덕도 있습니다.

그래서 우리 두 사람은 지금의 신혼집을 택했습니다. 주변에서 '젊을 때 한 푼이라도 더 벌어놔야지, 오를 게 확실할 아파트인데 대출을 최대로 받아서 사지 그랬어' 하는 아쉬운 소리를 듣기도 했지만, 지금까지 그때의 선택을 후회한 적은 단 한 번도 없습니다. 오히려 큰 빚이 따랐을 B 아파트에 욕심내지 않았음에 안도합니다.

우리 집 창을 열면 바로 보이는 B 아파트는 여전히 근사하고 좋아 보입니다. 언젠가 경제적으로 더 여유가 되면 이사 가고 싶은 곳으로 여겨질 정도로요. 하지만 만약 우리가 B 아파트를 택했다면 지금처럼 아침에 일어나 느긋하게 차 한 잔을 마시고, 노트북으로 일상을 기록하는 소박한 행복은 엄두를 내지 못했을 것 같습니다.

종종 로또복권을 사서 두근거리며 추첨 일을 기다리는 평범한 사람들이지만, 그래도 마음 무거운 빚이 없음에 기쁩니다. 조금 덜 벌고 대신 조금 더 편하게 산다는 것. 게으르게 일하고 빈둥빈둥 살고 싶다는 안일함만은 아닙니다. 내가 마음과 몸을 해치지 않고 벌 수 있는 금액을 겸허하게 인정하고 조금 덜 낭비하면서 내 행복의 우선순위에 맞춰 즐겁게 살고 싶다는 의미입니다.

누군들 더 좋은 집과 근사한 자동차를 마다할까요. 거기에서 삶의 질이 업그레이드되는 기쁨도 분명 있겠지요. 나와 남편도 차근차근 내실을 쌓으며 좋은 인연을 맺게 될 날을 기쁘게 선망합니다. 다만 외형을 바꾸는 데만 초점을 맞추지 않고, 우리가 꿈꾸는 삶의 모습을 지속할 수 있는지를 함께 살피려 합니다.

그런 의미로 5년 전으로 다시 돌아간다 해도 지금의 우리 집을 주저 없이 택할 것 같습니다. 부담스러운 '빚'보다는 소담스러운 햇빛을 넉넉하게 누리게 해주는 집이니까요. 나와 남편은 조금 덜 욕심내면 조금 더 마음 편한 행복도 있다는 것을 잊지 않으려 합니다.

‘미니멀 라이프(minimal life)’를 그대로 번역하면

‘최소의 삶’ 정도가 되겠지요.

문득 내가 가진 ‘최소의 것’은 무엇일까 생각했습니다.

아마도 내 삶에 주어진 시간, 삶 그 자체이겠지요.

누구에게나 삶은 단 한 번뿐이고,

지나온 시간은 되돌릴 수 없고,

남아있는 시간은 점점 줄어드니 말입니다.

‘미니멀 라이프’라는 말이 말 그대로

‘삶이란 너무나 미니멀한 것’이라는 메시지로 다가옵니다.

미니멀 라이프가 속삭여주는 말에 귀 기울여봅니다.

잘 사는(buy) 것에만 너무 마음 쓰지 말고

잘 사는(live) 것에도 눈을 돌리라고 말이지요.

최저가를 검색하고, 구매평을 살피고, 할인쿠폰을 찾아서

잘 사는 것에는 익숙합니다만, 적지 않은 나이가 되었음에도

잘 살고 있는 건지 선뜻 답을 못 하겠습니다.

잘 사는(buy) 것을 잠시 멈추고

차분히 삶을 정리할 시간인가 봅니다.

집에서 누리는 낭만

발코니에 선인장을 들였습니다. 통키는 새 친구가 반가운 듯 선인장에게 달려갑니다. 도톰한 이불 위를 신나게 뛰어논 통키에게 이불을 덮어주니 포근한지 얼굴만 쏙 내밀고 조금 쌀쌀하지만 맑은 공기를 한동안 만끽합니다.

그 모습을 보니 겨울에 두툼한 이불을 덮고 뜨끈함을 즐기다 창문을 살짝 열어 찬 바람을 쐴 때의 쾌적함이 떠올라 흐뭇해집니다. 한겨울이 되면 이렇게 창문을 열어 통키와 작은 낭만을 즐기는 여유도 어렵겠지요.

늦가을에서 초겨울 언저리, 호기롭게 창을 열어 바람과 햇살을 건강하게 누릴 수 있는 계절이 참 좋습니다. 낭만(浪漫)의 사전적 의미는 '현실에 매이지 않고 감상적이나 이상적으로 바라보는 태도'라고 하지요.

집에서 낭만을 누리는 것은 어쩌면 그렇게 어려운 일만은 아니란 생각이 듭니다. 이불로 몸을 감싼 통키의 동그란 뒷모습을 바라보고 있는 것만으로도 마음이 몽글몽글해지고, 통키와 선인장 사이에 퍼지는 동그란 햇살이 마법의 빛처럼 신비로워 보이니까 말입니다.

집안일 하기 싫은 날은 꽃집으로

○

집안일에 영 손이 가지 않고 미루고 싶어질 때가 있습니다. 그럴 때는 집 안에 꽃 몇 송이를 슬쩍 놓아봅니다. 예쁜 꽃을 보고 있으면 그 분위기에 맞춰 공간을 정돈하게 됩니다. 싱크대 위에 꽃을 올려두니 어수선하게 흩어진 집기와 양념의 제자리를 찾아주고 싶어집니다. 내친김에 말끔히 설거지하고 물기를 닦아내고 나면 미처 느끼지 못했던 은은한 꽃향기가 주방을 가득 채웁니다.

아무리 황홀한 공간도 방치해두면 빛이 사라진다는 것, 평범한 공간이라 해도 애정 어린 손길로 대하면 빛난다는 것을 새삼 느낍니다. 집안일에 꾀가 날 때는 고무장갑을 벗고, 밖으로 나섭니다. 동네 꽃집으로 말입니다.

노릇노릇 익어가는

빨래

별 좋은 날 빨래가 마를 때 나는 냄새를 맡고 있노라면 갓 구운 빵이 떠오릅니다. 어딘지 모르게 마음을 너그럽게 만들어주는 특유의 향 때문인가 봅니다. 오늘도 오븐에 빵을 굽는 것처럼 고운 볕으로 빨래를 정성스레 익혀봅니다. 잘 마른 빨래는 갓 구운 빵처럼 따스하겠지요.

아름다운
오늘의 옷방

○

외출 준비를 하려고 옷방 문을 열었는데 나도 모르게 작은 탄성이 나왔습니다. 옷과 가구 위에 유난히 결이 고운 햇살이 눈처럼 소복하게 내려앉아 있었거든요. 지난밤 오늘 입을 블라우스를 골라 분무기로 물을 뿌려 행거에 걸어두었는데, 레이스가 햇살에 반짝거리는 모습이 너무 고와 한참을 바라보았습니다. 멋진 쇼룸에서 마음에 쏙 드는 아름다운 옷을 발견하고 쇼핑하는 즐거움 못지않은 만족감을 내 옷장에서 찾았습니다. 시작이 좋으니 오늘 하루도 행운이 가득할 것 같은 기분입니다.

집에 가득 찼던 햇살이 차츰 사라져가는 모습이
유난히 아름다운 날이 있습니다.
그런 날이면 책 ≪어린 왕자≫를 떠올립니다.
어린 왕자는 소행성 B612에서
해가 지는 모습을 보는 걸 무척이나 사랑했다고 하죠.
마음이 슬픈 날이면 의자를 계속 옮겨가며
하루에도 몇 번씩 그 모습을 본 적이 있을 정도로요.
집을 꽉 채웠던 햇살이 서서히 저무는 모습을
보고 있노라면 해 지는 풍경을 보며 위안을 받았던
어린 왕자의 마음을 알 것 같습니다.
집에 가득 찼던 햇살이
차츰 사라지는 모습을 지그시 바라보는
시간을 좋아합니다.
실은 그 공간, 그 시간 속에서 느껴지는
따뜻한 위로를 좋아합니다.

집에서 누리는 작은 기적

집에 햇빛이 채워지는 풍경은 아무리 봐도 질리지 않습니다. 문득 내가 왜 이토록 이 모습을 좋아하는 걸까 생각해보니 과거 삶이 팍팍했던 시절 햇볕 한 자락 들어오지 않던 월세방에 살았을 때의 기억과 무관하지 않은 것 같단 생각이 듭니다.

추운 겨울이면 집 안의 냉기와 눅눅한 공기를 견디다 못해 동네 카페 창가에 앉아서 커피 한 잔을 최대한 아껴 마시면서 멍하니 광합성을 하며 고단한 일상을 위로받곤 했습니다. 그때 아마도 마음 한구석 원 없이 햇볕을 만끽할 수 있는 내 집을 갖고 싶다는 꿈을 품게 되었나 봅니다. 그 시절의 결핍이 없었다면 햇볕의 소중함을 몰랐을 테니 이제는 그 또한 고마운 추억입니다.

멋진 집은 세상의 별만큼이나 많을 겁니다. 우리 부부도 언젠가 미래에 함께할 집에 대한 꿈을 품고 대화도 나누고 저축을 위해 노력합니다. 하지만 혹여 그 꿈의 집을 가지지 못한다고 해도, 지금 이렇게 햇살을 누릴 수 있다는 사실 하나만으로 이미 충분하다고 생각합니다. 미니멀 라이프는 더 가지려는 폭주를 잠시 멈추고 이미 가진 것을 찬찬히 돌아보게 만드는 힘이 있습니다. 내게 너무 과한 게 있다면 덜어내고, 부족하다면 신중하게 채우고, 이미 충분하다면 만족할 줄 알게 합니다.

아울러 가지고 싶어도 못 가지는 현실이라 해도 낙담하지 않고 지금의 결핍이 미래의 감사가 되리라는 여유로운 마음을 허락합니다. 무조건적인 희망을 꿈꿀 수는 없겠지만, 최소한 지금의 결핍이 마음의 궁핍으로까지 이어지지 않도록 하는 건강한 기반을 만들어줍니다.

손을 뻗어 공기 속에 나풀거리는 햇살을 만져봅니다. 이 모든 것이 우리 집에서 가능하다니 새삼 꿈이 이루어진 기분이 듭니다. 지금 이 순간, 내 집에서 느끼는 '작지만 확실한 기적'입니다.

햇살 아래 기차놀이

○

설거지를 마치고 햇살이 드는 자리에 식기 건조대, 수세미, 선인장과 고무나무를 늘어놓았는데 선인장 뒷자리에 통키가 달려가 제 자리인 양 눕습니다. 마치 기차놀이를 하듯 사이좋게 올망졸망 햇볕을 쬐는 모습이 너무나 사랑스럽습니다. 이렇게 집에서 햇빛이 주는 건강한 에너지를 듬뿍 얻는 것이 얼마나 큰 축복인지 새삼 감사하게 됩니다.

적당히 따뜻하고 적당히 부드러운 햇살을 받으며

사람도 동물도 공간도 모두 너그러워지는 것 같습니다.

카모메 식당처럼

영화 <카모메 식당>에서 주인공 사치에는 이런 말을 합니다. "누구든 뭔가 먹어야 살 수 있는 법이니까요." 그녀는 손님이 없어도 차분하게 요리를 준비하고 자신의 식당을 찾은 손님에게 커피 한 잔도 정성스레 대접합니다.

우리 집 주방도 우리 가족에게 생명력을 부여해주는 소중한 곳입니다. 정성 어린 음식은 몸의 양식이 될 뿐 아니라 마음과 영혼까지 따뜻하게 채워주니까요. 설거지를 말끔하게 마친 뒤 주방 타일 위에 반짝이는 햇살, 마치 풀장에서 느긋하게 물놀이를 즐기는 것처럼 싱크볼 안을 둥둥 떠다니는 과일과 채소, 설거지하는 남편과 곁을 지켜주는 통키의 뒷모습 등 주방의 풍경에서 건강한 기운을 얻곤 합니다.

"세상 마지막 날에는 아주 좋은 재료를 사다가 사랑하는 사람들을 초대해서 성대한 파티를 열고 싶어요."

<카모메 식당> 속 대사처럼 나도 작은 바람을 품어봅니다. 소박한 재료일지라도 정성껏 요리해 사랑하는 가족과 함께 나누며 무탈한 하루하루를 만들어 가고 싶다고 말입니다.

난초처럼 귀한 우리 집 대파

○

우리 집 단골 재료인 대파를 집에서 키워보기로 했습니다. 남는 화분에 마트에서 산 파 몇 대를 심자 처음 며칠은 반응이 없고 좀 시들해 조바심이 났는데, 알고 보니 뿌리가 자리를 잡는 데 시간이 좀 필요하다고 합니다. 물을 주고 햇볕을 쬐어주니 며칠 뒤 신기할 정도로 쑥쑥 자랐습니다. 직접 키운 파로 집밥을 해 먹으니 더 건강해지는 기분이고, 소소하지만 식비도 절약하니 흐뭇합니다. 주말농장이나 텃밭처럼 크게 자랑할 만한 취미는 아니지만 직접 길러 먹는 재미도 알아갑니다.

평범한 대파이지만 내 눈엔 특별한 난초처럼 귀하게 여겨집니다. 대파 화분 덕분에 우리만의 이야기가 더해져 추억도 한 뼘 자라난 것 같습니다.

서로
닮아가는 집

우리 부부의 미니멀 라이프가 평안할 수 있는 배경에는 양가 부모님의 너그러운 시선과 배려가 있습니다. 양가 어머님들 눈에 미니멀 라이프라며 어설프게 살림하는 모양새가 부족하게 보이실 만도 한데 "너희들이 좋다면야 그게 정답이지"라며 격려해주시니까요.

시어머님이 서울에 볼일이 있으셔서 집에 머물다 가셨답니다. 최대한 편히 모시고 싶은 마음에 부족하지만 정성껏 준비했습니다. 작은 방을 차지하고 있던 운동기구는 잠시 옷방으로 옮기고 벤치 수납장을 들여놓고 그 위에 따뜻한 물이 담긴 보온병과 컵, 기초화장품과 드라이기 등을 거울과 함께 놓았답니다. 어머님이 드시면 좋을 홍삼과 평소 즐겨 드시는 젤리도 두었습니다. 식물을 좋아하시는 어머님을 위해 금전수 화분도 들여놓고 포근한 침구를 세팅했습니다.

집에 오신 첫날 친척분들이 저녁을 함께 드시러 오시기로 해서 상을 비롯해 주방용품을 대여해왔습니다. 많은 손님이 방문하는 일은 손에 꼽히기에 가까운 대여점에서 빌려서 이용하곤 합니다. 어머님 도움을 받아 손님상을 준비한 뒤 오랜만에 사람들의 온기로 집 안이 듬뿍 채워지는 시간을 가졌습니다.

손님상에 올리기에 부족해 보이면 어쩌나 걱정하자 어머님은 "요즘엔 그런 거 하나도 흉 아니다. 이렇게 필요할 때 빌려 쓰는 게 지혜지. 젊은 너희들한테 내가 많이 배우고 간다" 하고 격려해주시고, TV가 없어 심심해하실까 염려하자 "거실에 TV 없으니 널찍하니 청소하기 편하고 좋아 보이기만 한다" 말씀해 주셨습니다.

어머님 눈에 많이 어설픈 살림일 수도 있는데 우리들만의 살림 방식을 존중해주시니 제 마음이 한결 가볍습니다. 집도 감정이 있다면 어머님 같은 손님을 진심으로 반겼을 겁니다.

어머님은 우리 집 거실이 참 좋다고 말씀해주십니다. 미니멀 라이프가 무엇인지 잘은 모르겠지만, 이렇게 물건 없는 공간 하나 정도는 가지고 싶어지신다고요. 거실에 앉으셔서 창밖을 보시며 "서울 하늘도 곱네" 하시는 어머님 뒷모습이 내 눈엔 그림처럼 아름답습니다.

시댁에서 늘 분주하고 바쁘게 보내시는 모습만 뵈다 모처럼 우리 집 거실에서 잔잔하게 불어오는 바람을 느끼며, 두 다리를 쭉 뻗고 쉬시는 모습을 보니 우리 집 거실에 고마운 마음이 들었습니다. 집에서 가장 좋아하는 장소인 거실이 어머님 덕분에 더 좋아졌습니다.

어머님이 쌀 껍질로 만든 도마를 써보시고 맘에 들어 하셔서 선물로 드렸더니 이제 그 도마 하나만으로도 충분하다 생각되어 다른 도마는 대부분 비우셨다고 합니다. 주방 상부장에 가득했던 살림살이도 좀 비우고 싶다 하셔서 같이 정리하고 필요한 곳에 기부해 공간을 만들었답니다. 어머님이 늘 물건으로 꽉 차 있던 상부장의 여백을 보시고 얼마나 기뻐하시던지 덩달아 마음이 뭉클해졌지요.

그 여백만큼 어머님의 가사에도 쉼이 생기기를 바랐습니다. 마음에 쏙 드는 도마 하나가 놓인 우리 집 주방과 어머님의 주방. 여백이 있는 우리 집과 어머님의 수납장. 이렇듯 부모님 댁과 우리 집의 닮은 모습이 점점 많아져 기쁩니다. 서로를 존중하고 사랑한다는 증거일 테니까요.

어머님을 모실 방에 따뜻한 물이 담긴 보온병과 컵, 홍삼과 평소 즐겨 드시는 젤리, 기초화장품과 거울, 드라이기 등을 놓았다.

어머님의 주방 수납장을 정리하며 나온 쓰지 않는 컵들은 최근에 레트로 소품이 인기를 끌고 있어서 중고 거래로 잘 비울 수 있었다.

어머님이 우리 집에서 쌀 껍질로 만든 도마를 사용해보시고 맘에 들어 하셔서 같은 도마를 선물로 보내드렸다. 하나만으로 충분하다며 다른 도마는 대부분 비우셨다고 한다.

계절이 지나가는 옷장에는 새 옷으로 가득 차 있습니다

요새 몸살감기에 걸려 고생을 좀 했습니다. 엄마와 통화를 하면서 최대한 내색하지 않았음에도 목소리만으로 단박에 제 상태를 파악하셨죠. 그리고 곧 집에 찾아오셨습니다. 먹을거리를 가져오실 거라 예상했지만, 양손 가득 쇼핑백도 그득하게 가져오셨죠. 엄마가 나를 위해 사 오신 옷 선물이었습니다.

엄마는 내가 평상시 옷을 얇게 입고 다니고, 미니멀 라이프를 한다며 겨울 아우터를 한바탕 정리한 뒤로 남편의 패딩으로 겨우내 버티는 것을 보고 안타까움에 고개를 저으셨답니다(그 옷이 유난히 따뜻해서 손이 갔던 것인데…). 주방 살림이나 다른 물건이 많지 않은 것은 깔끔하다 칭찬해주시지만, 유독 추위를 타는 딸 옷장에 나풀거리는 얇디얇은 원피스만 많아 보이고 겨울 방한복이 넉넉하지 못하다고 영 마뜩잖게 여기셨지요.

그러시던 차에 내가 병치레를 하자, 겨울옷을 단단히 사 오신 거였습니다.

엄마 눈엔 나이 적지 않은 아줌마가 된 내가 여전히 날이 추워지면 잔병치레가 심했던 어린 딸로 보이신 거겠죠. 그동안 물건을 주실 때 사전에 물어봐 주셨는데, 내 입에서 "옷 많아요. 괜찮아요" 하는 말이 나올 것 같아 묻지도 않고 옷 선물을 강행하신 거랍니다.

그런 엄마의 마음을 알고 옷 선물을 찬찬히 보니 두 가지 생각이 듭니다. 첫 번째는 당연히 감사입니다. 이 세상에서 어느 누가 나를 이토록 사랑해줄까, 큰 축복임을 새삼 느끼며 뭉클해집니다. 두 번째는 '나의 옷 미니멀 라이프는 망했다…'였습니다. 망했지만 아주 '기.쁘.게. 망.했.다'는 느낌입니다. 엄마는 "미니멀 라이프고 뭐고 일단 네 몸 건사해줄 든든한 옷은 있어야지. 미니멀 라이프가 너 감기 낫게 해 주든?" 하십니다.

엄마가 백화점에 가셔서 요즘 젊은 사람들은 뭘 좋아하는지 직원분들께 물어물어 고르시는 모습이 눈에 선합니다. "우리 딸이 추위를 많이 타서 무조건 입었을 때 뜨뜻해야 하는데" 하시며, 재질을 만져보고 안감까지 꼼꼼하게 살피시며 고르셨겠지요. 사위랑 함께 입으면 예쁘겠다는 상상을 하시며 흐뭇하게 세트로 챙기고, 방한복만 사가면 철없는 딸이 입을 삐죽거릴까 싶어 딸이 맘에 들어 할 만한 디자인의 옷도 곁들여 사셨죠. 추운 날 격식 차려야 하는 일이 생기면 뭘 입을지 고심하셨는지 모직으로 된 깔끔한 재킷도 건네주시면서, 어른들 만나는 자리에는 이 옷 입고 가라고 당부해주십니다.

엄마는 영수증을 보여주시며, 슬며시 말씀하십니다. "네 맘에 안 들면 가서 교환하든가 환불해도 돼" 하고요.

나는 망설임 없이 대답합니다. "엄마가 사준 옷을 왜 환불해. 내가 다 입을 거야! 다 너무 맘에 들어! 입어보고 혹시 사이즈만 안 맞으면 바꿀게. 진짜 다 너무 예뻐."

내 말에 환하게 웃으시는 엄마의 얼굴이 어린 시절 깜짝 선물을 건네주시고 내가 환호성을 지르며 좋아하자 흐뭇해하시던 젊은 날의 엄마와 똑 닮았습니다. 타임머신을 타고 예전의 시간으로 돌아간 듯 앳되고 아름다운 여인의 모습이 보입니다.

그때의 엄마는 지금의 나보다 어린 나이셨는데, 유달리 떼 많고 투정 심한 나를 키우시느라 얼마나 힘이 드셨을까. 그때나 지금이나 엄마는 내가 기침 한 번만 해도 전전긍긍 걱정하시고, 예쁜 걸 보면 사다 주고 싶어 하시고, 맛있는 걸 드시면 데려가서 맛보이고 싶어 하십니다. 과연 나중에 나도 내 엄마 같은 엄마가 될 수 있을까. 무엇을 주어도 아깝지 않고, 아무리 많이 줘도 부족한 것 같은 사랑을 할 수 있을까 가슴이 뜨끈해집니다.

엄마의 선물로 가득 찬 행거를 보니 나의 옷 미니멀 라이프는 확실히 망한 것 같습니다. 그렇지만 너무나 기쁘고 감사하게 망했습니다. 사랑 가득한 옷 선물을 안겨주시는 엄마가 계신다는 증거니까요.

다행히도 우리 집에는 이 옷들을 수납할 공간이 있습니다. 바로 남편이 몇 달 전에 산 커다란 운동기구죠. 하루도 빠짐없이 운동하겠노라 야심만만하게 샀으나 어느새 잊혀진…. 그런데 높고 튼튼한 구조가 겨울 아우터 걸기에 어찌나 안성맞춤인지요! 아무래도 남편이 선견지명이 있어서 운동기구라는 이름의 옷걸이를 미리 사둔 것 같습니다. 비록 나의 옷장은 '미니멀'과는 거리가 멀어진 상태지만, 늘어난 옷을 바라보는 마음은 그저 흐뭇합니다.

문득 윤동주 시인님의 <별 헤는 밤>이 떠오릅니다.

“계절이 지나가는 하늘에는
가을로 가득 차 있습니다.
…
별 하나에 추억과
별 하나에 사랑과
별 하나에 쓸쓸함과
별 하나에 동경과
별 하나에 시와
별 하나에 어머니, 어머니,”

그렇게 까만 밤하늘의 영롱한 별 하나에 어머니를 그리워하던 시인처럼, 나도 옷장에 걸린 새 옷 하나하나에서 엄마의 사랑을 느낄 것 같습니다. 엄마의 사랑은 별을 닮았습니다. 어둡고 한 치 앞도 안 보이는 막막한 상황에 놓일 때일수록, 엄마는 어두운 밤에 더 빛나는 별처럼 빛을 밝혀 지켜주시니까요.

미니멀과는 한층 멀어져 버렸지만 마음은 가뿐합니다. 혹여 누군가 미니멀 라이프를 한다고 들었는데, 왜 옷이 늘어난 거냐고 물어보신다면 시 구절을 닮은 대답을 읊고 싶어집니다.

"계절이 지나가는 나의 옷장에는 새 옷들로 가득 차 있습니다.

패딩 하나에 엄마와의 추억과

플리스 하나에 엄마의 사랑과

모직 재킷 하나에 엄마의 애정과

후드 집업 하나에 엄마의 손길과

원피스 하나에 엄마를 닮은 시와

옷 하나에 엄마, 엄마,"

나에게 전기밥솥 있어야 좋을 거란 엄마의 잔소리.

밥 잘 챙겨 먹으라는 사랑이었습니다.

나에게 김치냉장고 있어야 편할 거란

엄마의 잔소리,

사시사철 신선한 김치 편하게 먹었으면 하는

사랑이었습니다.

들어도 기분 좋은 잔소리,

오래오래 듣고 싶은 잔소리,

언젠가 듣지 못할 거라 상상만 해도

슬퍼지는 잔소리입니다.

ZERO WASTE LIFE

PART 4

지구 또한 안녕하길

SMEG

쓰레기통 없는 우리 집

우리 집엔 쓰레기통이라 부를 만한 그럴듯한 물건이 아직은 없습니다. 일부러 쓰레기통을 두지 않겠다고 결심한 것은 아닌데, 맘에 쏙 드는 쓰레기통이 없어 구입을 미루며 지내다 보니 살아가는 데 큰 무리가 없고 나름의 장점도 있어 몇 년째 유지하게 되었습니다.

지금은 천 가방에 작은 사이즈의 종량제 봉투를 넣어서 싱크대에 걸어두거나 냉장고 뒤에 두는 것으로 쓰레기통을 대신하고 있습니다. 너무 대충 지내는 모양새인가 싶긴 하지만 현재의 우리 집과는 잘 맞습니다. 결혼 전 혼자 살 때 좁은 원룸에 커다란 쓰레기통을 여러 개 두고 살았습니다. 대용량 종량제 봉투가 다 채워질 때까지 게으른 핑계를 대며 쓰레기를 내놓지 않다 보니 쓰레기와 한 공간에서 지내는 날이 많았습니다.

제로 웨이스트(zero waste)에 관심이 생기면서, 집에서 배출되는 쓰레기에 건강한 긴장감을 유지하고자 대형 쓰레기통에 의존하지 않고 쓰레기 분리를 도와줄 최소한의 장치만 두고 지내고 있습니다.

종이와 병 그리고 캔 등의 재활용 쓰레기는 한군데에 모았다가 분리수거장에 가서 따로따로 비우고 있습니다. 혼자 자취하던 시절에 종이, 유리, 금속, 플라스틱 소재별로 분리된 큰 재활용 쓰레기통을 놓았더니 내 한 몸 눕힐 자리보다 더 큰 공간을 차지할 정도였습니다. 각각 통이 다 찰 때까지 시간이 걸리니 비우는 주기도 길어졌지요.

현재는 튼튼한 재질의 쌀 포대를 분리수거함으로 이용합니다. 소재에 상관없이 하나로 모으니 공간을 크게 차지하지 않아 집을 쾌적하게 유지하는 데 도움이 됩니다. 대신 쌓이면 분리 배출할 때 힘이 들기 마련이므로 바로바로 비우려고 합니다. 음식물 쓰레기는 아파트에 설치된 RFID 종량기를 통해 생기는 즉시 비우고 있습니다. 버리는 무게만큼 요금이 부과되어 음식물 쓰레기를 줄이려는 마음가짐도 생깁니다.

쓰레기통 없는 생활을 유지하는 가장 큰 이유는 애초에 쓰레기를 적게 만드

천 가방에 작은 사이즈의 종량제 봉투를 넣어 주방 하부장에 걸어둔다.

는 습관을 기르고 싶기 때문입니다. 영수증은 대부분 모바일로 변경하고, 장보러 갈 때는 담아올 천 가방이나 통을 준비하고, 제로 웨이스트 숍을 애용하고 있습니다. 동네 마트에 문의하니, 마트에서 구매한 물건의 쓰레기를 마트에서 비우는 건 괜찮다는 공식 답변을 받아 비닐 쓰레기 등은 마트에서 분류해서 비우고 내용물만 통에 담아옵니다. 인터넷 쇼핑과 배달 음식에는 일회용 쓰레기가 발생하니 조금씩 절제합니다. 용기를 내 애용하는 기업 고객 서비스 센터에 포장 축소를 바란다는 의견을 드리기도 합니다.

사소한 실천이 차츰차츰 쌓이다 보면 집에서 배출되는 쓰레기가 '미니멀'해져 가는 것을 피부로 느낍니다. 지금 우리야 집 안에서 동선이 그리 복잡하지 않고 둘뿐이라 쓰레기통이 없어도 무탈하다고 생각합니다. 나중에 식구가 늘거나 우리의 라이프 스타일에 변화가 생긴다면 그때는 흔쾌히 큰 쓰레기통과 인연을 맺을 수도 있을 겁니다. 지금은 어설퍼 보일지라도 자발적인 약간의 불편을 통해서, 쓰레기를 마냥 편하게 만들어내는 나란 사람의 게으름을 경계하며 살기를 바라봅니다.

재활용품은 소재 구분 없이 튼튼한 쌀 포대에 한데 모았다 수거장에 가서 각각 비운다.

TOOTHPASTE
ULTRA CLEAN FORMULA

쓰레기 없는 양치질

전 세계적으로 매년 사십억 개, 구만 톤의 플라스틱 칫솔 쓰레기가 배출된다는 글을 읽고 내가 쓰는 양치 용품을 살펴보게 되었습니다. 칫솔, 치실, 치약, 혀 클리너 등 양치용품들이 하나같이 플라스틱 소재입니다. 매일 사용하는 소모품이기에 내 양치질로 발생한 쓰레기가 상당했을 텐데, 지구에 부담을 주었다는 생각에 미안한 마음이 들었습니다. 그래서 플라스틱 쓰레기 없는 양치용품을 찾아 차츰차츰 교체했습니다.

관심을 가지고 찾아보니 친환경 양치용품은 어렵지 않게 살 수 있었답니다. 칫솔은 대나무로, 치실은 숯으로 만든 제품으로, 치약은 고체 치약이나 유리병에 담긴 치약, 혀 클리너는 스테인리스 재질로 차츰 교체해나갔습니다.

대나무 칫솔은 제게는 잘 맞는 편이었지만, 잇몸이 유난히 예민한 편인 남편에겐 잘 맞지 않아 차선으로 재활용 플라스틱으로 만든 칫솔을 사용하고 있습니다. 아무리 의도가 좋아도 내 신념을 남편에게 무조건 강요하는 건 건강치 않으니까요. 요즘에는 대나무 칫솔도 다양하게 출시되고 있어, 기회가 되면 남편에게 잘 맞는 대나무 칫솔을 만날 수 있기를 바랍니다.

숯으로 만든 치실은 플라스틱보다 자극이 덜하고 역할에는 충실해 기특한 물건입니다. 재사용 가능한 유리 용기가 어린 시절 동화에서 읽었던 비밀문서를 담은 유리병을 떠올리게 해 사용할 때마다 기분이 좋습니다. 스테인리스 혀클리너는 열탕 소독을 해서 위생적으로 관리할 수 있어 흡족한 제품입니다.

유리병에 든 고체 치약은 국내 기성품으론 찾지 못해 캐나다에서 만든 넬슨 내츄럴(Nelson Naturals) 제품을 구매 대행업체를 통해 샀는데, 품질은 만족스러우나 가격대가 부담되고 탄소발자국(상품을 생산하고 소비하는 과정에서 발생하는 이산화탄소)을 만드는 것이 아쉬웠습니다. 최근에는 국내에서도 고체 치약을 구입할 수 있는 곳이 늘고 있어 반가운 마음입니다. 아울러 치약을 직접 만드는 재료와 클래스도 있어 흥미롭게 보고 있습니다.

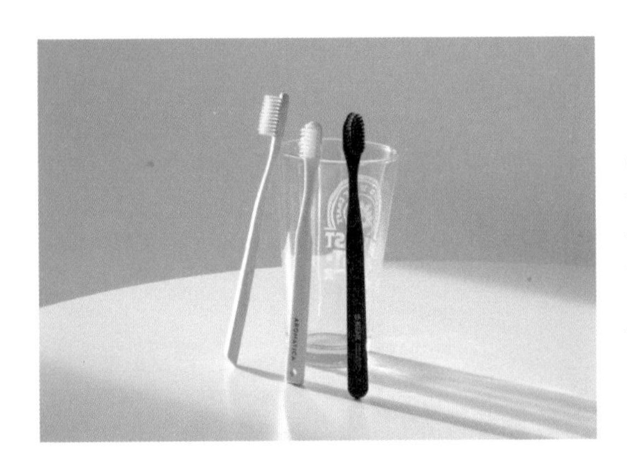

(왼쪽부터)모놀로그의 대나무 칫솔. 대나무는 생분해되는 소재이며, 물과 햇빛만으로 빠르게 자라나 생산 과정에서 플라스틱보다 탄소 발생량을 줄일 수 있다. 아로마티카의 옥수수 칫솔은 100% 분해되는 친환경 수지로 제작되었다. 켄트의 칫솔은 환경 호르몬 걱정 없는 100% 재활용 플라스틱 재질로 영국 왕실 납품 브랜드로 유명하다.

관심을 기울이니 쓰레기 발생도 적고 품질과 디자인 모두 알찬 양치용품을 찾기란 어렵지 않았습니다. 지구에만 유익한 게 아니라 내 치아 건강에도 여러모로 도움을 줄 수 있는 제품들입니다. 고심해서 선택한 제품들로 양치를 하니 귀찮을 수 있는 양치질도 뜻깊은 기분입니다. 또 양치를 마친 뒤 마음도 한결 개운해집니다.

요즘에는 친환경 소재로 일상용품을 제작하는 업체들이 많아졌습니다. 평소에 쓰던 것보다 가격이 높거나 배송에 시간이 걸리더라도 부담이 되지 않는 선에서 친환경 제품을 사용해보려고 관심을 기울입니다. 마침 성능도 뛰어나고 취향에도 잘 맞는 제품을 만나면 응원하는 마음으로 주변에 소개해드리기도 합니다. 좋은 뜻을 가지고 환경을 위해 노력하는 브랜드가 성공을 거둘수록 이런 제품들이 더욱더 많아질 테고, 기업이 제품을 생산할 때 환경에 미치는 영향을 먼저 고려하게 될 테니까요.

제로 웨이스트 숍인 더피커에서 구입한 치실. 대나무 숯 섬유로 만든 자연 친화적인 제품으로 유리 용기에 담아 판매하며 치실을 리필하여 다시 사용할 수 있다.

지구에도 좋고, 내 몸에도 좋은 친환경 아이템

잘 비우기 이전에 쉽게 비울 물건은 사지 않고, 친환경 물건을 선택해 오래오래 잘 쓰는 것이 중요하겠지요. 생산 과정, 판매 과정, 사용 과정, 비운 뒤에도 무해한 물건을 지향합니다. 자연스레 일회용품보단 다회용품, 생분해되는 물건, 플라스틱과 비닐 사용을 줄이는 친환경 살림살이를 찾게 됩니다.

욕실용품

동구밭 비누

동구밭은 발달장애인과 비장애인이 함께 일하는 사회적기업으로 화학성분을 사용하지 않은 친환경 제품을 생산한다.

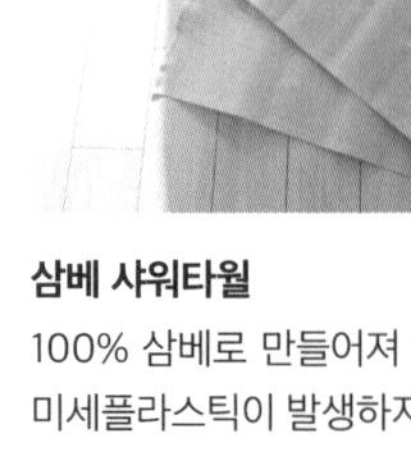

삼베 샤워타월

100% 삼베로 만들어져 아크릴 소재처럼 미세플라스틱이 발생하지 않는다.

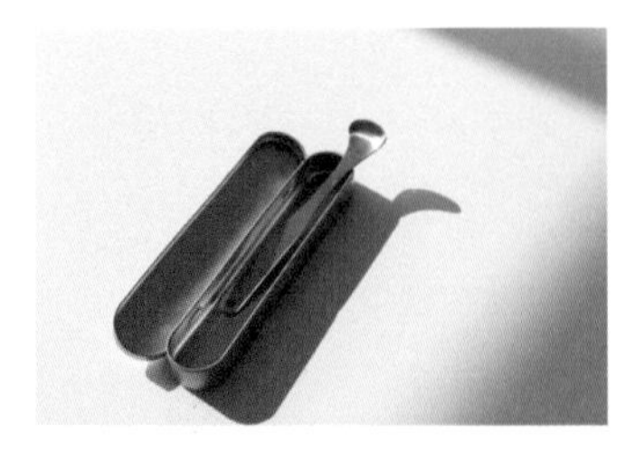

스테인리스 소재의 혀 클리너

플라스틱과 달리 관리만 잘하면 영구적 사용이 가능하다.

아로마티카 리필 샴푸

플라스틱 용기 대신 재활용 페트(PET) 재질의 팩에 포장해 리필 1팩 사용 시 일회용 컵 3개, 신용카드 7장 분량의 플라스틱을 줄이는 효과가 있다.

쎄비보타닉 천연 치약

치약 용기를 10개 단위로 무료 수거하고 화분으로 업사이클링해 쇼룸에서 무료 배포한다.

아로마티카 치약

유기농 원료를 사용하고 동물실험에 반대하는 클린 뷰티 브랜드로 치약 상자를 없애 포장재를 줄였다.

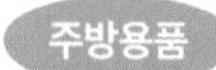

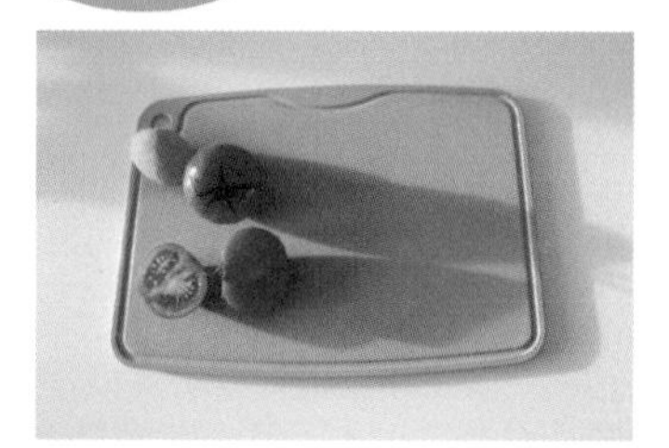

허스크웨어 쌀 껍질 도마

플라스틱 첨가물 없이 쌀 껍질로 제작되어 생분해되는 도마.

대나무 빨대

대나무 외에도 시중에 스테인리스, 옥수수 전분 등 다양한 친환경 소재가 있다.

슈가랩 위생장갑

사탕수수 당밀에서 유래한 식물성 원료로 만들어졌다.

소창 수건

강화도산 무표백 소창으로 만들어 먼지 날림이 없고 건조가 빠르다.

광목 주머니

아라크네 공방, 마리아의 살림에서 구입한 천 주머니. 비닐 없는 장보기를 도와준다.

삼베 수세미

예고은에서 구입한 삼베와 대나무를 합쳐 만든 수세미. 세척력이 뛰어나 세제 사용량을 줄여준다.

3M 스카치브라이트 옥수수 수세미

아크릴 소재 수세미는 미세플라스틱이 발생해 100% 옥수수 전분을 발효해 만든 수세미를 즐겨 쓴다.

누드모먼트 키친 워싱 바

천연 유래 식물성 오일이 함유된 설거지용 고체 비누. 플라스틱 용기에 담기지 않은 비누 형태로 세제 사용량을 줄일 수 있다.

아로마티카 로즈마리 주근깨 주방세제 바

일반 식기부터 과일까지 세척 가능한 1종 고체 비누. 주근깨처럼 박혀있는 잎이 눌어붙은 음식물 제거를 돕는다.

친환경 화장지

자연본색, 디어커스의 대나무 화장지, 버려지는 밀짚으로 만드는 바스틀리의 화장지, 우유 팩을 재활용한 화장지 등을 사용한다.

뷰코셋 생리대

오가닉 순면 생리대로 포장지까지 생분해되는 성분이다.

그린블리스 면 마스크

식물성 오가닉 면으로 만들어 환경피해를 최소화한다.

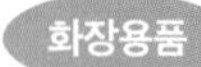

에보니 아이브로펜슬

오토형 아이브로펜슬은 플라스틱 쓰레기가 발생해 깎아 쓰는 연필형을 쓰고 있다.

톤28 핸드크림

화학 성분 없이 유기농 병풀 추출물로 만든 핸드크림으로 재활용이 가능한 종이 패키지를 사용한다.

브이티 피토 모이스처 멀티 밤

스테인리스 용기에 담긴 보습 제품.

소창 화장솜

아라크네 공방에서 구입한 소창 소재 화장솜. 여러 번 사용할 수 있고 피부에 잔여물 걱정이 없다.

천 가방과 통을 챙기는 손길에서

장을 보러 시장에 갈 때는 천 가방에 통을 챙깁니다. 떡볶이를 보온 도시락에 담아 오면 집에서도 여전히 김이 모락모락 나는 따끈한 떡볶이를 먹을 수 있습니다. 남편과 함께 가고 싶었지만 퇴근할 때면 문을 닫아 아쉬웠던 동네 맛집의 함박 스테이크도 법랑 용기에 정갈하게 담아와 집에서 근사하게 즐길 수 있습니다. 시장에서 꽈배기를 살 때도 용기에 담아 와 먹고 남은 것은 그대로 뚜껑을 닫아 보관하니 편리합니다. 비닐 포장이 되어있지 않은 과일이나 채소는 원하는 양만큼만 사서 통에 넣거나 천 가방에 담아옵니다.

동네 김밥집을 갈 때도 집에서 밀폐 용기를 챙겨갑니다. 처음엔 불편해하실까 싶어 빈 용기를 내미는 것이 쉽지 않았는데, 오히려 반겨주시며 정성껏 김밥을 담아주십니다. 검정 비닐봉지에 쿠킹포일에 싼 김밥과 비닐에 넣은 단무지를 담아올 때와는 확실히 다른 기분입니다. 대충 김밥으로 한 끼 때우는 게

식당에서 포장할 때도 미리 용기를 준비해가면 쓰레기가 발생하지 않는다.

아니라 엄마가 소풍 때 싸주신 도시락을 먹는 것 같은 운치가 느껴집니다.

제로 웨이스트를 위해 노력하겠다고 결심하고 처음 천 가방과 통을 챙겨 장을 보러 나설 때만 해도 반신반의하는 마음이었습니다. 그런데 정말 평소처럼 장을 봤는데 쓰레기가 하나도 생기지 않는 체험을 하고 나니 신기하고 뿌듯했답니다. 일회용품이 주는 편리함에만 익숙했던 내가 이제는 집에서 천 가방과 통을 챙기는 것이 점점 더 편리하고 익숙해져 가고 있습니다.

비닐과 플라스틱 쓰레기를 줄이는 일을 너무 어렵거나 거창하게 생각할 필요는 없는 것 같습니다. 장 보러 나서며 천 가방과 용기를 챙기는 일상의 작은 실천에서 시작되니까요. 아울러 어느 판매처에서나 일회용품 없는 장보기가 자연스러운 일이 되길 바라봅니다. 포장 축소를 고민하는 기업과 소비자의 마음이 한뜻이 되어 '쓰레기 없는 장보기'가 평범한 일상이 되기를요.

마트에서 비닐 없이 채소 사기

정책적으로 대형마트, 쇼핑몰, 백화점에서 일회용 비닐봉지 사용이 금지되면서 장바구니를 준비하는 것이 자연스러워졌습니다. 하지만 채소를 살 때 비닐봉지에 담은 뒤 무게를 달아 가격표를 붙여 계산하는 방식은 여전합니다. 그렇게 따라온 비닐은 그대로 쓰레기가 되어버리니 항상 아쉬움이 남아 다른 방식을 고민해보게 됩니다. 마트에 문의하니 저울에 무게를 달아 바코드 스티커를 붙이는 데 무리가 없는 선에서 준비된 비닐봉지 외에 다른 포장을 이용해도 괜찮다는 안내를 받았습니다.

마트에 장을 보러 가는 날 천 주머니와 거름망을 챙겼습니다. 가볍고 내용물도 확인이 가능하고 세척하면 재사용도 가능한 소재입니다. 감자, 고구마, 오이, 브로콜리 등 채소는 거름망에, 표고버섯은 천 주머니에 담고 저울에 무게를 달아 출력된 스티커를 붙였습니다.

계산을 도와주시는 직원분께서 천 주머니와 거름망에 붙은 바코드를 찍으시면서 "주머니가 너무 귀여워요. 환경 생각하는 마음이 참 좋아보이네요" 하시며 웃어주십니다. 항상 비닐 쓰레기가 생기는 게 아쉬웠는데 미뤄둔 숙제를 끝낸 기분입니다.

늘 익숙하게 먹던 채소이고 늘 가는 동네 마트였지만, 이번 장보기는 사뭇 특별한 느낌입니다. 가격표를 붙이려면 어쩔 수 없다고 여겼는데 막상 비닐봉지 없이 채소를 구매해보니 전혀 어려운 일도 귀찮은 일도 아닌 내 선택의 문제일 뿐이었습니다. 비닐봉지를 사용하는 건 나쁘다는 관점이 아니라, 비닐봉지에 의존하는 것만이 답은 아니라는 인식의 변화가 반갑게 다가옵니다.

한편 소비할 물건뿐만 아니라 소비하는 방식도 주체적으로 고민하고 선택할 수 있음을 깨달으니 그동안의 소비 방식을 되돌아보는 계기가 되었습니다. 앞으로 무의식적으로 소비하는 습관에서 벗어나 내 소비에 어떤 책임이 따르는지 한 번 더 고민하는 제가 되길 소망합니다. 작은 실천이지만 지구가 쓰레기로 덜 힘들어진다면 곧 나 자신을 위한 거라 믿으니까요. 천 주머니와 거름망에 올망졸망 사랑스럽게 담긴 채소들처럼, 앞으로도 나만의 작은 방법으로 조금 더 건강한 장바구니를 만들어나가기를 바라봅니다.

마트에서 채소, 과일을 살 때 쓰는 롤 비닐백 대신 천 주머니와 거름망을 이용하고 있다.

halekūʻai eke

용기(容器)를 챙겨 장보기에 나섭니다.

지구를 위해 내가 낸 용기(勇氣)의 시작이었습니다.

COSMOS
halekūʻai eke

물건을 늘리지 않고, 지닌 물건의 쓰임새를 확장해보기

카페를 좋아하는 우리 부부는 항상 텀블러를 챙겨서 다닙니다. 그런데 평소 가지고 다니는 텀블러로는 사이즈가 아쉬울 때가 있어 좀 더 큰 사이즈가 있으면 좋겠다는 생각이 들었습니다. 새 제품을 덥석 사기 전 이미 가지고 있는 물건 중 대체품이 있나 살펴보니 엄마가 주신 코스모스 보온 도시락이 눈에 띄더군요. 워낙 소심한 성격이라 처음엔 용기가 필요했지만, 막상 가지고 나가니 입구도 넓고 보온보랭 효과도 탁월합니다. 벤티 사이즈 텀블러 역할을 비롯해 시장에서 떡볶이나 간식거리를 살 때도 맹활약하고 있답니다.

도시락 쌀 때 외엔 사용할 일이 잘 없어 비움도 고려하고 있었는데, 편견을 버리니 사용처가 무궁무진합니다. 보온 도시락 덕분에 '최소한의 물건으로 최대한의 만족을 얻는 미니멀 라이프가 그리 멀리 있지 않구나' 하는 깨달음을 얻게 된 셈입니다.

겨울이면 집 근처로 땅콩빵을 파는 푸드트럭이 찾아온다. 보온 도시락에 포장해서 오랫동안 따끈하게 즐긴다.

일반 텀블러에 다 담기지 않는 큰 사이즈의 아이스 음료는 보온 도시락에 테이크아웃하면 오랫동안 시원하게 마실 수 있다.

코스모스 도시락으로
즐거운 제로 웨이스트

○

우리 동네엔 겨울이면 맛있는 땅콩빵을 파는 푸드트럭이 찾아옵니다. 별것도 아닌 일로 티격태격하는 우리 부부지만, 땅콩빵을 나누어 먹는 그 시간만큼은 로맨틱한 연애 시절로 돌아간 느낌입니다. 연애 시절 겨울 간식에 대한 주제로 대화를 나누다 남편이 붕어빵도 물론 좋아하지만 땅콩빵이 별미라는 말을 꺼냈는데, 이 남자가 나의 운명의 짝인가 싶었답니다. 요즘엔 쉽게 만나기 힘든 겨울 별미, 땅콩빵의 오랜 팬으로서 끈끈한 동료애가 생기는 기분이 들었거든요.

올해도 찾아온 트럭을 보고 반가운 마음에 집에 있는 코스모스 보온 도시락을 챙겨 갔습니다. 사장님께서는 환한 웃음을 보내주시며 보온 도시락에 땅콩빵을 가득 담아주셨습니다. 나중에 세어보니 일반적인 한 봉지보다 일고여덟 개는 더 주신 것 같아 손사래를 치셔도 금액을 더 드렸습니다. 이제는 우리 부부를 보온 도시락을 가져오는 단골로 알아봐 주시고 마치 테트리스를 하듯 틈도 없이 땅콩빵을 가득 담아주십니다. 계산을 다 마치고 가려는 순간에는 손도 보이지 않을 정도로 빠른 속도로 서비스 땅콩빵을 수북하게 추가로 얹어주십니다.

뚜껑이 닫히지 않을 정도로 넘치게 주신 땅콩빵을 남편과 즉석에서 맛나게 집어 먹고 야무지게 뚜껑을 닫아 집으로 갑니다. 보온 도시락 안에 땅콩빵 이인분이 들었을 뿐이지만 집으로 돌아가는 동안 우리는 세상 부러운 것 없는 부자가 된 기분입니다. 금세 반쯤 먹고 내일의 땅콩빵을 저축하는 마음으로 뚜껑을 닫아놓았습니다. 온기를 잘 보존해주는 넉넉한 크기의 보온 도시락이 있어 제로 웨이스트를 실천하기가 한층 즐겁습니다. 덕분에 내 일상이 보온 도시락에 담아오는 땅콩빵의 온기만큼은 따뜻해졌으니까요.

이제는 무언가를 사러 나가기 전 어디에 담아오면 좋을까 생각하는 일상이 자연스러워지고 소소한 행복까지 더해집니다. 부담스럽게 다가오던 제로 웨이스트도 장벽을 낮추면 누구나 시도할 수 있다는 사실을 몸소 체험했습니다.

체망의 일곱 가지 활용법 ○

미니멀 라이프를 시작할 땐 비우는 것에만 마음을 썼는데, 어느 정도 비운 이후에는 기존 물건의 활용도를 최대치로 높이려고 궁리합니다. 집

쌀 씻기.

다시 망.

에 물건 양을 간소하게 유지하면서 아쉬웠던 부분들은 해결해나가는 재미가 쏠쏠합니다. 그 대표주자는 체망입니다. 신혼살림으로 5년 전 구매한 체망은 역할이 자꾸 늘어나는 기특한 물건입니다.

첫 번째, 쌀 씻기

체망에 쌀을 씻으면 물 버리기가 편하고, 세척한 쌀은 한 톨도 빠짐없이 냄비에 부을 수 있습니다.

두 번째, 다시 망

육수를 우릴 때 체망을 얹고 멸치를 비롯한 육수 재료를 넣고 끓입니다. 하나하나 건져낼 필요 없이 육수가 완성되면 체망만 들어내면 됩니다.

세 번째, 식기 건조대

가끔 식기 건조대가 꽉 찰 때가 있는데 그럴 땐 체망의 도움을 받습니다. 작

식기 건조대

찜기.

드립 커피.

음식 덮개.

은 컵이나 밥그릇은 체망에 넣어 물기를 빼며 햇볕으로 건조합니다.

네 번째, 거름망

파스타나 소면 등을 삶아 물기를 빼는 건 체망의 기본 역할이지요. 체망에 채소를 넣고 냄비 뚜껑으로 막아 흔들면 샐러드 스피너처럼 물기를 빼준답니다. 파스타를 만들 때 살짝 데친 토마토를 체망으로 으깨어 즙을 내기도 하고요. 달걀물을 체망으로 거르면 더 부드러운 식감이 됩니다.

다섯 번째, 찜기

우리 집엔 찜기가 없어 주로 중탕으로 요리를 많이 한답니다. 만두나 호빵을 찔 때처럼 찜기가 꼭 필요할 때는 체망으로 대체해요.

여섯 번째, 드립 커피

가끔 핸드드립으로 내린 커피가 그리워질 때가 있어요. 그럴 땐 체망에 종이 필터를 얹어 커피를 내려요. 드립 커피를 자주 마신다면 전문적인 도구가 필요하겠지만, 아주 가끔 마신다면 체망을 깨끗하게 살균한 후에 이용해도 괜찮겠다 싶어요.

일곱 번째, 음식 덮개

먹고 남은 음식을 보관할 때 체망을 거꾸로 해서 뒤집어놓으면 편리해요. 공기 차단까지 필요할 때는 소창 수건으로 덮어줍니다.

활약이 많은 우리 집 체망은 정기적으로 식초를 넣은 뜨거운 물로 소독한 뒤에 햇빛 살균해서 관리합니다. 체망 하나로 여러 가지 물건을 대체하며 살기, 완벽하진 않지만 미니멀 라이프를 즐겁게 하는 방법입니다.

냄비 받침을 이용한 화병

○

우연히 프리츠 한센의 화병을 보고 참 예쁘다고 생각했습니다. 화병 안에 구멍 난 고정 틀이 있어 몇 송이만 꽂아도 줄기부터 꽃잎까지 돋보이는 디자인이었습니다. 근사한 인테리어로 집을 꾸민 유명인들의 집에 한 개쯤은 있어서 일명 '연예인 화병'이라는 별명까지 붙었다고 합니다.

우리 집에서는 주로 물통이나 유리병에 꽃을 꽂아두는데 눕혀지는 모양새가 아쉬웠지요. 온라인 쇼핑몰에서 가격을 검색해보니 만만치 않은 가격인지라 살짝 놀란 후 집에 대체품은 혹시 없을까 찾아보았습니다.

집에 있던 물통에 5년 전 다이소에서 몇천 원 주고 산 스틸 소재의 냄비 받침을 얹어 어설프게 흉내를 내보았습니다. 냄비 받침을 고정틀로 삼아 꽃을 꽂았더니 자연스럽게 퍼져서 의외로 멋진 화병처럼 느껴졌답니다.

물론 갖고 싶은 유명 화병과는 비교가 안 되는 소박한 연출이지만, 나만의 대체품을 만들어보니 신기하게도 충동구매 욕구가 가라앉았습니다. 이렇게 지내다 그 화병이 필요하다는 확신이 들면 그때 사도 늦지 않을 거란 마음의 여유가 생겼지요.

미니멀 라이프를 유지하는 비결은 물욕을 억지로 참는 것도 아니고, 소비를 절대 하지 않겠다는 비장한 각오도 아닌 것 같아요. 제 경우에는 일단 집에 있는 물건을 대체품 삼아 사용해보는 노력으로 유지되는 것 같습니다. 대체품을 발견하는 과정에서 자연스레 절제하게 되니까요.

어떤 물건이 필요해지는 순간이 오면 쇼핑몰부터 클릭하지 않고 집에 있는 물건들을 찬찬히 살펴봐야겠습니다. 사고 싶은 물건을 억지로 참는 건 괴롭겠지만, 내가 가진 물건을 가지고 이모저모 궁리해 새로운 쓰임새를 발견하는 건 흥미롭고 뿌듯하니까요.

물통에 냄비 받침을 올려서 꽃을 고정해 디자인 화병처럼 연출했다.

에코 백을 활용해 티슈 커버를 만들었다.

바닥에 놓인 어지러운 전선을 네트 백에 넣어 정리했다.

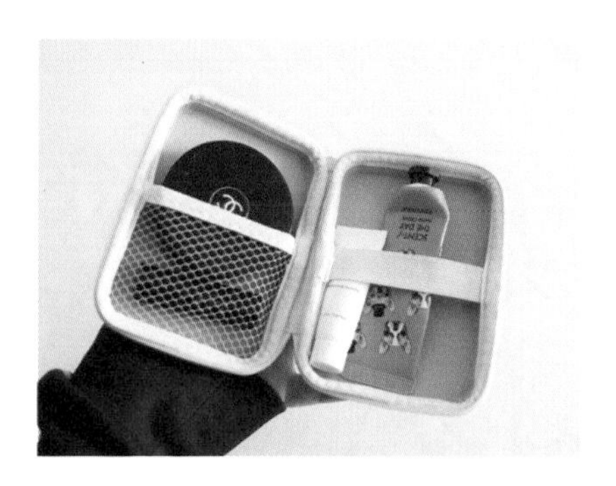

외장하드가 고장 나서 비우고 남겨진 케이스를 화장품 파우치로 쓴다.

간식 타임을 가질 때 그릇이 부족하면 보온 도시락이나 유리병 뚜껑을 활용한다.

냄비 받침과 물통으로 만든 우리 집 화병.
제 눈엔 그저 특별하고 흐뭇합니다.
세상에 단 하나뿐인
나만의 화병이니까 말이죠.

earth
us.

쓰레기 없는 카페

우리 부부가 좋아하는 케이크를 사러 나서며 가방에 밀폐 용기를 챙겼습니다. 목적지는 서울 연남동에 위치한 카페 얼스어스로 '노 플라스틱, 노 일회용품'을 지향하는 카페랍니다. 매장 내에서 플라스틱 컵, 빨대, 티슈 등의 일회용품을 사용하지 않는 것은 물론 케이크 포장도 직접 가지고 온 용기에만 가능합니다.

얼스어스의 길현희 대표님은 대학 시절 5년 동안 카페 아르바이트를 하며 카페에서 플라스틱 잔과 일회용품이 지나치게 남용되는 것에 늘 아쉬움을 느꼈다고 합니다. 커피를 무척 좋아하지만 그로 인한 환경오염은 최소화하고 싶다는 바람으로 지금의 얼스어스가 탄생하게 된 겁니다.

텀블러나 다회용기가 없는 손님들은 테이크아웃을 할 수 없다 보니 손님이 줄어들 수도 있는데 매출 부담까지 감수하며 꿋꿋하게 신념을 지켜나가는 모습에 박수를 보내드리고 싶습니다. 카페에서 흔하게 쓰는 냅킨이나 물티슈 대신 손수건이 준비된 점도 얼스어스만의 환경보호를 위한 노력입니다.

일회용품이나 플라스틱은 우리 삶에 편리를 주는 물건이라 생각합니다. 저도 하루에 신세 지는 물건 중 상당수가 플라스틱으로 만들어진 제품이니까요.

하지만 그 편리함을 당연하게 여기고 지나치게 의존하면서 환경파괴라는 비극이 만들어지고 있는 현실은 안타깝습니다. 매일 발생하는 엄청난 양의 쓰레기에 견주면 한 카페에서 일회용품을 쓰지 않는다고 그 양이 크게 줄지는 않을 겁니다. 하지만 이곳에서 일회용품이 없더라도 무탈하다는 것을 경험하고, 환경보호가 그렇게 어려운 일만은 아니라는 생각의 전환을 이루는 사람들이 늘어난다는 데 의미가 있다고 생각합니다. 세상은 결국 우리 하나하나의 실천으로 변해갈 테니까요.

고작 용기를 들고 가서 케이크 포장을 실천해본 것으로 우쭐하는 것 같아 부끄럽지만, 많은 사람들이 경험해봤으면 하는 마음입니다. 주방에서 어떤 용기를 들고 가면 좋을지 고심하면서 '지구를 위해 이런 실천을 할 수 있구나' 하는 겸손한 마음이 들었습니다. 카페에 도착해 케이크를 고르고 포장을 부탁드리자 정중한 손길로 준비해간 용기에 케이크를 담아주셨습니다. 집에 돌아와 홍차와 함께 케이크를 먹으니 환상적인 맛입니다. 이 경험을 살려 앞으로 다른 카페에서 케이크를 포장할 때도 자연스럽게 반찬통을 챙기는 기회가 늘어나길 바라봅니다.

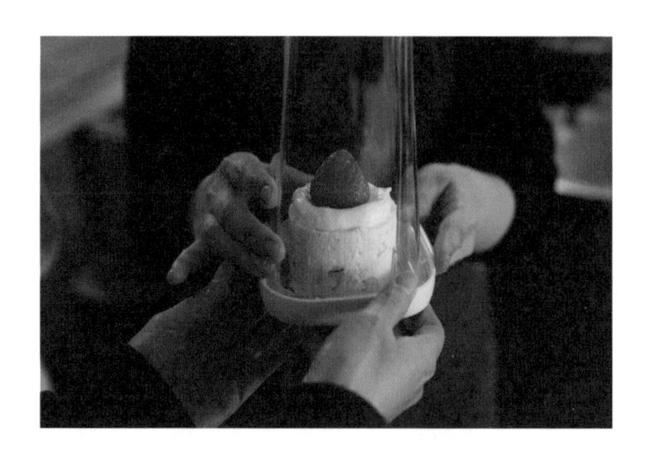

나의 제로 웨이스트가 지구를 구할 수는 없다고 해도,

완벽하게 쓰레기 없는 삶을 사는 것이 불가능하다고 해도

지금 내가 할 수 있는 작은 실천을 포기하지 않기로 했습니다.

채식데이,
고맙데이

어느 잡지에서 육식과 환경의 연관성에 관한 기사를 읽으며 수십 년간 육식을 하면서도 육식이 지구 환경에 미치는 영향에 너무 무심했다는 생각이 들었습니다.

기사에서 소개한 '고기 없는 월요일' 캠페인을 보고 일주일에 단 하루 고기를 안 먹는다고 과연 환경에 얼마나 도움이 될까 싶었습니다. 그런데 놀랍게도 단 하루만 채식해도 연간 일인당 2,268kg의 온실가스 배출량 억제와 13만 2천4백 리터의 물을 절약하는 효과가 있다고 합니다. 이는 차 오백만 대가 멈춘 것과 같아 지구 온난화를 막는 데 효과적이라고 해요. 또한 6개월 동안 샤워를 하지 않는 것보다 햄버거 네 개를 먹지 않거나 소고기 0.4kg을 먹지 않는 것이 더 많은 물을 절약한다고 합니다.

수치로 확인하니 일주일에 단 하루의 실천이 불러일으키는 환경보호 효과가 상상 이상이라 느꼈습니다. 그래서 일주일에 하루 정도는 환경을 위해 기꺼이 '채식데이'를 실천하려고 노력하게 되었습니다.

채식에 관심을 가지며 샐러드뿐만 아니라 카레, 된장찌개, 파스타 등 채소만 넣어도 충분히 맛있고 든든한 요리가 정말 많다는 걸 배웠습니다. 알록달록한 채소를 손질하다 보면 어쩐지 기분이 좋아지는 컬러 테라피 효과도 있습니다. 또 채식을 한 날은 확실히 속이 편안한 경험을 하면서 굳이 채식데이가 아니라도 채식 위주의 식단을 하는 날들이 많아졌습니다. 지구를 위한 작은 실천으로 시작한 채식데이가 제 삶을 더 건강하게 만들어주었습니다.

■■
■■

냉장고가 크지 않으니 먹을 수 있는 만큼만 장을 보고,

가진 그릇이 적으니 소박하게 요리해 담습니다.

설거지 양이 많지 않으니 부담이 없어

바로 설거지를 하고 자주 햇빛에 살균해서 관리합니다.

제철 음식을 즐겨 먹고 쓰레기를 되도록

만들지 않으려고 하니 가공식품을 먹는 일이 줄었습니다.

군더더기를 비우다 보니 자연스레 살림에 질서가 생깁니다.

세제를 원하는 만큼만 덜어서 사는 기쁨

사용하는 세제통이 있기 때문에 플라스틱 통에 든 세제보다는 리필용을 선택하곤 합니다. 하지만 리필용 세제는 대용량이 대부분이고 비닐 포장재와 플라스틱 캡 같은 쓰레기가 발생하는 아쉬움이 있습니다. 그래서 세제를 필요한 양만큼만 구매하면 좋겠다는 바람을 가지고 있었는데, 가능한 곳이 있다고 해서 기쁜 마음으로 찾아갔습니다.

'알맹상점'은 망원시장에서 장바구니를 대여하는 자원활동가들의 프로젝트로 시작해 알맹이만 리필하는 제로 웨이스트 숍으로 확장되었습니다. 세제를 원하는 만큼 구매할 수 있는 리필 스테이션을 운영하며, 재활용 체계에서 버려지는 작은 플라스틱, 말린 원두 가루, 우유 팩 등의 자원을 모아 재활용하는 프로젝트를 하고 있습니다.

리필 스테이션에는 소프넛, 구연산, 세스퀴소다, 주방세제, 세탁세제 등 다양한 친환경 세제를 취급하고 있으며, 준비해간 용기에 원하는 만큼 담아 중량을 표시한 뒤 카운터에서 계산하면 된답니다. 용기가 없어도 재사용 용기가 무료로 제공되므로 걱정할 필요 없습니다(펌프와 분무기는 유료로 구매 가능).

필요한 만큼 담아 무게를 달아보니 주방세제 340g, 구연산 325g, 소다 510g, 소프넛 80g으로 총 5,175원이 책정되었습니다. 직접 체험해보니 구입 방식도 간편하고 가격도 합리적이며 무엇보다 쓰레기가 생기지 않아 뿌듯합니다. 앞으로도 세제를 끝까지 알뜰하게 잘 쓰고, 필요한 만큼 리필로 사리라 마음먹었습니다. 이런 곳이 잘 유지되고 더 많은 사람들이 이용하게 된다면 그만큼 쓰레기를 줄일 수 있을 테니까요.

최근에는 세제뿐만 아니라 화장품을 원하는 양만 리필로 살 수 있는 매장처럼 다양한 상품에서 용기 사용을 줄이려는 시도가 나타나고 있습니다. 이렇게 쓰레기를 만들지 않고, 낭비하지 않는 리필 판매 방식에 아낌없는 지지를 보냅니다.

용기에 원하는 만큼 세제를 담아 중량을 표시한 뒤 카운터에서 계산한다.

알맹상점에서는 소프넛, 구연산, 세스퀴소다, 주방세제, 세탁세제 등 다양한 친환경 세제를 취급하고 있다.

소프넛나무의 열매인 소프넛은 껍질의 사포닌 성분이 물과 만나면 계면활성제 역할을 한다. 말린 소프넛을 물에 넣고 흔들면 거품이 생기는데 세안을 제외한 모든 세정에 활용할 수 있다.

나만 알고 싶지 않은 제로 웨이스트 숍

환경오염을 최소화하기 위해 플라스틱 쓰레기는 줄이고 다회용품 사용을 권장하는 카페, 제로 웨이스트 숍, 온라인 스토어들을 소개합니다.

° 알맹상점

망원시장에서 장바구니를 대여하는 캠페인을 진행한 자원활동가들이 모여 만든 세제, 화장품의 알맹이만 리필로 판매하는 제로 웨이스트 숍.

주소: 서울 마포구 월드컵로49 2층
인스타그램: @almang_market

° 보틀팩토리

일회용품을 쓰지 않는 카페이자 제로 웨이스트 숍. 텀블러를 대여해주고 카페 내 텀블러 세척소도 이용 가능하다. 정기적으로 포장 없이 장을 보는 채우장이라는 마켓이 열린다.

주소: 서울 서대문구 홍연길 26
인스타그램: @bottle_factory

° 얼스어스

일회용품을 사용하지 않는 카페. 포장용 케이크도 직접 용기를 준비해가서 살 수 있다.

주소: 서울 마포구 성미산로 150
인스타그램: @earth__us

° 우스블랑

빵 맛도 일품인 데다 비닐봉지 대신 종이봉투를 사용해 환경보호에 동참하는 빵집.

주소: 서울 용산구 효창원로70길 4
인스타그램: @ours_blanc_

° 사해책방

친환경 뷰티 브랜드인 아로마티카 제품과 설거지용 고체 비누, 생분해 칫솔 등을 판매하는 책방.

주소: 서울시 양천구 목동중앙북로 33-20
인스타그램: @sahaebooks

° 더브레드블루(신촌점)

자체 제작한 나무 매대에 빵을 진열해 비닐 포장 없이 구매 가능한 비건 베이커리.

주소: 서울 마포구 신촌로12다길 3 1층
인스타그램: @thebreadblue_official

° 서스테인어블 해빗

제로 웨이스트 카페이자 온오프라인 숍을 운영하며 지속가능한 브랜드의 제품을 판매한다. 고객들의 텀블러를 보관해주는 진열대가 마련되어 있다.

주소: 서울 용산구 소월로2길 5 1층
인스타그램: @sustainable_habits_

° 더피커

국내 최초 제로 웨이스트 라이프 스타일 플랫폼. 제로 웨이스트 키트를 비롯해 일상생활에서 쓸 수 있는 다양한 제로 웨이스트 용품을 소개한다.

주소: 서울 성동구 왕십리로 115, 헤이그라운드 9층
인스타그램: @thepicker

° 허그어웨일

친환경 생활용품과 세제를 소분해서 판매하는 제로 웨이스트 숍.

주소: 서울 강서구 화곡로 55길 23 1층
인스타그램: @hug_a_whale

° 유민얼랏

천연 소재의 빨대, 대추나무 수저 세트 등 제로 웨이스트 관련 다양한 물건을 판매하는 숍.

주소: 서울 마포구 성미산로17길 68 3호
인스타그램: @youmean.alot

° 천연제작소

무포장 고무장갑, 수제 비누와 천연 수세미 등 다양한 친환경 제품을 판매하는 숍.

주소: 부산 북구 덕천1길 93 2층
인스타그램: @natural_factory2015

온라인 스토어

° **지구샵**(www.jigushop.co.kr)
고체 치약, 대나무 칫솔 등 제로 웨이스트 관련한 다양한 물품을 구매 가능한 곳. 제로 웨이스트 물건을 직접 만드는 다양한 워크숍도 진행한다.

° **아라크네 공방**(https://smartstore.naver.com/arachnecraft)
강화도산 소창 원단으로 만든 다양한 소창 제품을 판매한다.

° **상점호화**(https://smartstore.naver.com/sewingnu)
소창 커피 필터와 대나무 치간 칫솔 등 친환경 용품을 판매한다.

° **소락**(https://smartstore.naver.com/thedayinjeju)
면 생리대와 광목 베개, 손수건 등 천연 원단으로 만든 용품을 판매한다.

° **십년 후 연구소**(https://smartstore.naver.com/hangeul_t)
플라스틱 사용을 줄인 필터를 장착한 공기청정기를 판매한다.

° **마리아의 살림**(https://smartstore.naver.com/mari-zone)
워싱 광목 보자기, 유기농 설거지 비누 등 친환경 살림살이를 판매한다.

° **가치솝**(gachisoap.modoo.at)
100% 유기농 오일과 유기농 분말을 사용해 비누를 만들고 재생용지로 포장해 환경에 부담을 최소화한다.

° **동구밭**(https://smartstore.naver.com/donggubat)
발달장애인과 비장애인이 함께 친환경 라이프 스타일 제품을 생산하는 사회적기업으로 친환경 비누가 대표적인 상품이다.

° **프레시버블**(http://www.freshbubble.kr)
천연 세제인 소프넛 열매와 관련된 세제를 판매한다.

° **플레이니스트(plainist.co.kr)**

계면활성제 없이 100% 식품첨가물로 만든 거품 없는 세제를 판매한다. 친환경 세제로 환경오염을 줄 일 수 있으며, 용기를 무료 수거해 재사용하는 리유저블 패키지의 경우 수익금의 일부를 기부한다.

° **프로팩(https://smartstore.naver.com/travellight)**

100% 분해되어 자연으로 돌아가는 생분해 소재로 다양한 크기의 봉투, 빨대 등을 만들어 판매한다.

° **로아맘케이(https://smartstore.naver.com/roamomk)**

강화도산 무표백, 무형광 소창 원단으로 만든 수건과 컵 받침, 턱받이, 베개커버 등 다양한 제품을 판매하며 원하는 문구를 수놓을 수 있다.

° **아로마티카(aromatica.co.kr)**

친환경과 비건을 지향하는 뷰티 브랜드로 스킨&헤어 케어 제품부터 설거지 비누, 비건 치약, 옥수수 칫솔 등 친환경 라이프를 위한 다양한 상품을 판매하다.

바다를 살리는 수영복

몇 년 전 제주도로 휴가를 떠났습니다. 제주의 바다는 아름다웠지만, 곳곳에 적지 않은 쓰레기가 보여 씁쓸했습니다. 특히 페트병, 일회용 컵과 빨대 등 플라스틱 쓰레기가 주를 이루었습니다. 남편과 걸으며 쓰레기를 주워 담았지만 역부족이었지요. 비단 제주 바다에만 해당하는 이야기는 아닐 겁니다. 매년 약 이천만 톤에 달하는 쓰레기가 세계의 바다에 버려지고 많은 관광지들이 쓰레기로 몸살을 겪고 있다고 합니다.

문화센터에서 수영을 배우기로 하면서 수영복을 알아보던 중 바닷가에 버려진 쓰레기가 떠올랐습니다. 그래서 바다를 살리는 수영복과 인연을 맺게 되었습니다. 도노블루는 바다를 오염시키는 주범인 페트병을 재활용한 리사이클 원단으로 수영복을 만듭니다. 오염되지 않은 플라스틱을 선별 후 열과 압

력으로 섬유를 만들고 스판덱스를 적절한 비율로 섞어 직조하면 수영복 원단이 완성된답니다. 원단은 오코텍스에서 국제 친환경 섬유인증으로 백 가지 테스트를 통과한 스탠다드100 인증과 GRS(Global Recycle Standard) 인증을 받았다고 하니 믿음이 갑니다. 수영복 한 벌에는 페트병 18~30개 정도를 리사이클한 원단이 사용된다고 합니다. 페트병으로 만들어져 세탁 과정에서 미세플라스틱이 발생하지는 않을까 하는 우려에 업체에서는 만들어지는 과정만 다를 뿐 일반 수영복의 원단과 같으니 안심해도 좋다는 답변을 주셨습니다.

수영복을 택배로 받는 순간 비닐 테이프 하나 없는 상자에 100% 면 파우치를 활용한 포장이 인상 깊었습니다. 친환경이라는 선한 의도라 해도 디자인을 무시할 수 없는데, 도노블루 수영복은 주류 수영복 브랜드 못지않은 세련된 디자인입니다. 세미 하이컷으로 다리가 길어 보이고 심플한 기본 스타일이라 유행을 타지 않고 오래 입을 수 있을 것 같습니다. 모든 제품은 국내 봉제공장에서 꼼꼼하게 완성되어 품질도 믿을 수 있습니다. 외국 브랜드의 친환경 소재 수영복의 경우 브라캡이 없어 아쉬웠는데 이 수영복은 브라캡이 있어 편하게 착용할 수 있었습니다.

바다를 살리는 방법은 여러 가지가 있을 겁니다. 이 수영복을 선택하면 바다를 살리는 데 뜻을 함께할 수 있다는 도노블루의 말처럼 환경에 미미하게나마 도움이 되길 바라봅니다. 실제로 도노블루에서는 수익금 일부를 해양 정화 사업에 투자하고 있다고 합니다.

플라스틱을 당장 사용하지 않는 것은 현실적으로 어렵습니다. 하지만 플라스틱을 새로운 가치로 재탄생시키기 위해 고민하고 투자하는 기업들을 적극적으로 찾고 소비해 응원하고 싶습니다.

시작은 친환경 코드로 알게 되었지만 품질과 디자인까지 훌륭한 국산 수영복 브랜드를 만나게 되어 무척 만족스럽습니다. 내 기준에 도노블루 수영복은 '바다'와 '바디' 모두 살려주는 멋진 물건입니다. 아직 '음파' 장벽도 못 넘은 수영 초보이지만, 언젠가 실내 수영장이 아닌 푸른 바다를 향해 주저 없이 뛰어들 날을 꿈꿔봅니다. 플라스틱 쓰레기가 사라지길 염원하는 마음이 담긴 도노블루 수영복을 입고 말입니다.

도노블루의 수영복은 택배 포장에 비닐 소재의 테이프나 포장재를 사용하지 않고 종이상자와 100% 면 파우치를 활용한다. 면 파우치는 장을 볼 때 유용하게 쓰고 있다.

여행지의 바닷가에서 조깅하며

쓰레기를 줍는 플로깅(plogging)에 도전했습니다.

하지만 시작하자마자 난관에 봉착했지요.

쓰레기가 너무 많아 도저히 달릴 여유가 생기지 않았습니다.

커다란 쓰레기봉투를 준비해갔지만 금세 꽉 차버렸습니다.

쓰레기를 주우며 너무 많은 쓰레기를 만들며

살아온 과거의 나를 반성합니다.

언젠가는 긴 시간 달리기에 집중하다 쓰레기를 발견해

'잠시 멈춤' 할 수 있기를 바라봅니다.

물론 주울 쓰레기가 전혀 없는 것이 최상이겠지만요.

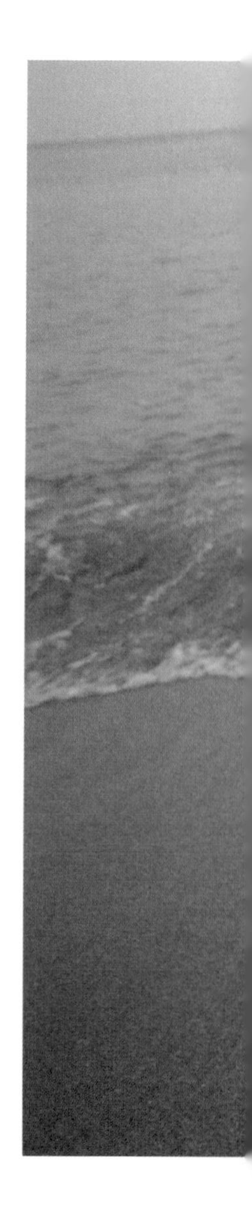

여행지에서 추억을 만드는 방법

여행을 무척 좋아합니다. 예전에는 여행을 가면 무거운 캐리어를 끌고 다니느라 꽤나 고생을 했는데 미니멀 라이프를 하면서는 가방 하나 메고 가볍게 떠나는 여행이 늘었습니다. 제로 웨이스트에 관심이 생기면서는 여행지에서 쓰레기를 최소한으로 만들고자 합니다.

숙박하는 곳에서 비누와 치약, 칫솔 등을 제공하는 경우가 많지만 일회용품에 신세를 덜 지기 위해 집에서 쓰던 대나무 칫솔과 세안용품을 챙겨갑니다.

몇 년 전 남편과 고대했던 발리 '한 달 살기'를 떠나며 세안용품과 함께 평상시에 들고 다니는 텀블러를 가져갔습니다. 혹여 짐만 되는 건 아닐까 염려도 했었는데 예상외로 텀블러는 여행지에서 맹활약했습니다. 발리 카페 어디를 가나 주문을 하며 텀블러를 드리면 반갑게 맞아주십니다. 관광객이 많이 찾는 발리는 일회용 쓰레기 처리 문제로 고심 중이라고 합니다. 더운 날씨의 발리에서 텀블러 덕에 음료를 오랫동안 시원하게 즐길 수 있으니 더욱 기특합니다.

한국과 마찬가지로 발리 스타벅스에서도 텀블러로 음료를 주문하면 할인 혜택을 받을 수 있었습니다. 여행 가방 무게가 약간 늘어났을지 모르겠지만, 무심코 만들었을 플라스틱 쓰레기는 확실히 줄였다는 뿌듯함이 남았습니다.

남편은 발리의 꾸따 해변에서 오랜 꿈이던 서핑을 배웠습니다. 서핑 강습을 마치면 강사님들과 함께 해변 쓰레기 줍기로 일과를 마무리하곤 했지요. 아름다운 발리의 해변에는 정기적으로 청소하는 전문 인력이 있지만, 워낙 많은 이들이 다녀가는지라 매일 발생하는 쓰레기가 상당합니다. 서핑 선생님께 받은 청소용 양동이를 들고 해변을 거닐며 쓰레기를 줍던 시간이 우리 부부에겐 훈훈한 추억 중 하나로 기억됩니다.

남편을 무척 따르던 서핑 숍의 강아지 파블로는 쓰레기를 주울 때마다 곁을 지켜주었답니다. 해변을 두런두런 거닐면서 양동이에 쓰레기를 모으는 동안 영특한 파블로는 종이 쓰레기를 물어다 주고 남편에게 쓰다듬을 받았습니다. 그때의 사진을 꺼내 보면 마음이 몽글몽글해집니다.

여행을 가서 내가 잠시 머물다 갈 곳이라고 함부로 대하지 않고, 그 땅의 아름다운 자연을 지키는 데 노력을 보태야겠다고 다짐했답니다. 더 넓게 보면 우리 모두가 함께 머무는 지구일 테니까요.

여행의 추억이 있는 물건

ㅇ

여름철에는 햇살이 강렬해 발코니의 블라인드를 끝까지 내려둘 때가 많습니다. 에어컨이 따로 없다 보니 창문을 열어두는데 블라인드 하단의 철 부분이 바람 따라 창에 부딪히는 소리가 납니다. 해결할 방법이 있을까 생각하다 문득 발리에서 사 온 사롱이 떠올랐습니다.

사롱은 동남아의 전통의상에서 발전해 휴양지에서 쉽게 구입할 수 있는 넉넉한 사이즈의 천입니다. 발리에서 한 달간 머무는 동안 비치 타월, 원피스, 스카프 등 몸에 걸치는 용도는 물론 돗자리, 테이블보 등 다양한 용도로 알차게 활용했습니다. 예전처럼 여행지에서 기념품을 많이 사지는 않지만, 휘뚜루마뚜루 활용도가 좋은 물건이고 발리에서의 기분 좋은 추억이 담겨있어 보관해두고 있습니다.

임시방편으로 사롱을 꺼내 햇빛 가림막으로 달았더니 거실의 분위기가 사뭇 달라 보였습니다. 무채색이 대부분인 집이기에 선명한 색감의 물건이 들어오면 색다른 느낌입니다. 바람의 리듬을 따라 하늘거리는 천의 모습을 보고 있으니 발리에서 보았던 푸른 바다와 푸른 하늘이 떠오릅니다. 덕분에 푸른빛으로 물든 우리 집 거실이 조금 더 시원하게 느껴집니다.

매일 고요함과 평화만 있기란 불가능한 인생일 겁니다. 그렇지만 내가 머무는 집에서만큼은 이렇게 사소한 노력으로 나만의 평안을 찾아갑니다.

Epilogue

내가 모르는 물건이
하나도 없는 집

근사한 물건으로 채워진 멋진 집도 좋지만,
문을 열고 들어설 때 몸과 마음이
편안해지는 쉴 수 있는 집을 바랍니다.

누가 불시에 와도 허둥지둥 치우지 않아도 되는
단정한 집이면 좋겠다고 생각합니다.

새로운 유행을 민감하게 포착하지는 못하지만,
계절마다 달라지는 햇살의 빛깔을
세심하게 느낄 수 있는 집이기를 바랍니다.

내가 모르는 물건이

하나도 없는 집.

내게 불필요한 물건은 없는 집.

내가 좋아하는 물건만 남아있는 집.

내가 살아가기에 부족함이 없는 집.

그런 나의 집을 사랑합니다.

좋아하는 물건과 가볍게 살고 싶어

초판 1쇄 발행 2021년 3월 10일
초판 3쇄 발행 2022년 8월 1일

지은이 밀리카
펴낸이 김영조
콘텐츠기획 1팀 김은정, 김희현
콘텐츠기획 2팀 윤민영
디자인팀 정지연
마케팅팀 김민수, 최예름, 구예원
경영지원팀 정은진
외부스태프 인테리어 자문 미니멀하우스 최빈
펴낸곳 싸이프레스
주소 서울시 마포구 양화로7길 44, 3층
전화 (02)335-0385/0399
팩스 (02)335-0397
이메일 cypressbook1@naver.com
홈페이지 www.cypressbook.co.kr
블로그 blog.naver.com/cypressbook1
포스트 post.naver.com/cypressbook1
인스타그램 싸이프레스 @cypress_book
싸이클 @cycle_book
출판등록 2009년 11월 3일 제2010-000105호

ISBN 979-11-6032-119-7 13590

• 책값은 뒤표지에 있습니다.
• 파본은 구입하신 곳에서 교환해 드립니다.
• 싸이프레스는 여러분의 소중한 원고를 기다립니다.